가든 디자인의 발견

* 오경아 *

방송작가 출신으로, 2005년부터 영국 에식스 대학교에서 7년 동안 조경학을 공부하며, 정원 디자인과 가드닝에 대한 내밀한 이야기들을 전해왔다. 정원을 잘 디자인하기 위해서는 식물에 대한 이해가 먼저라는 것을 깨닫고 세계 최고의 식물원인 영국 왕립식물원 큐가든의 인턴 정원사로 1년 간 일했다. 그사이 정원을 주제로 한 세 권의 에세이 『소박한 정원』, 『영국 정원 산책』, 『낯선 정원에서 엄마를 만나다』를 펴내었다. 오랜 유학 생활을 마치고 한국으로 돌아온 뒤 정원설계회사 오가든스를 설립하고 가든 디자이너로 활동 중이며, 속초에 자리한 '오경아의 정원학교'를 통해 전문가는 물론 일반인도 알기 쉽게 가드닝과 가든 디자인을 배울 수 있는 다양한 강좌를 선보이고 있다.

읽는 것만으로도 힐링이 되는 원예 이야기와 가드닝 지식을 담은 『정원의 발견』에 이어 펴낸 『가든 디자인의 발견』은 〈오경아의 정원학교 시리즈〉의 두 번째 책으로 본격 가든 디자인 안내서이다. 그녀의 유려한 글쓰기에 섬세한 정원 스케치와 도판까지 더해진 책은 자칫 전문적이고 어려울 수 있는 가든 디자인의 원리와 실제를 더한층 쉽고 재미있게 알려주고 있다. 이처럼 품고 있으면 '정원이 되는 책'을 앞으로도 꾸준히 지속적으로 집필하는 것이 작가로서 그녀의 꿈이기도 하다.

가든 디자인의 발견

1판 1쇄 펴냄 2015년 3월 17일
1판 4쇄 펴냄 2020년 5월 25일
2판 1쇄 찍음 2023년 3월 24일
2판 1쇄 펴냄 2023년 4월 10일

지은이 오경아

주간 김현숙 | **편집** 김주희, 이나연
디자인 이현정, 전미혜
영업·제작 백국현 | **관리** 오유나

펴낸곳 궁리출판 | **펴낸이** 이갑수

등록 1999년 3월 29일 제300-2004-162호
주소 10881 경기도 파주시 회동길 325-12
전화 031-955-9818 | **팩스** 031-955-9848
홈페이지 www.kungree.com | **전자우편** kungree@kungree.com
페이스북 /kungreepress | **트위터** @kungreepress
인스타그램 /kungree_press

ⓒ 오경아, 2015.

ISBN 978-89-5820-821-1 03520

가든 디자인의 발견

거트루드 지킬부터 모네까지
유럽 최고의 정원을 만든 가든 디자이너들의 세계

오경아 지음

궁리
KungRee

오경아 작가가 내게 물었다. "자연에서 연구하는 식물학자는 인위적으로 만들어지는 정원에 혹시 거리감이 있지 않나요?" 내가 대답했다. "자연의 아름다움을, 식물이 커가며 만들어내는 기적 같은 세상을 가까이서 느낄 수 있는 가장 아름다운 공간이 정원이라고 생각합니다"라고. 가든 디자인의 정수를 담은 이 책은 정원이라는 창조적이고 따뜻한 세상으로 한 걸음, 한 걸음씩 우리를 안내해줄 것이다.

— 이유미(국립수목원 원장)

집은 사람이 짓고 사람이 사는 곳이다. 또한 집은 땅이 꾸는 꿈이고 나무와 꽃이 부르는 노래이기도 하다. 건물은 아니 사람은 나무와 풀 그리고 꽃과 같이 산다. 그러나 사실을 이야기하자면 정원이란 건물이 남겨놓은 나머지가 아니라 집의 중심이고 주인이다. 이 책은 정원이란 공간이 얕은 지식과 손재주가 아닌 가든 디자인에 대한 총체적 인식과 감각으로 만들어지고, 낡지도 않고 닳지 않으며 나이를 먹는 매력적인 존재라는 사실을 일깨워준다. 그리고 가든 디자인이란 결국 시간과 감동을 디자인하는 일이라는 것을 알게 해준다.

— 임형남 · 노은주(가온건축 공동대표, 『나무처럼 자라는 집』 저자)

『소박한 정원』, 『낯선 정원에서 엄마를 만나다』에서 오경아 작가는 그녀만이 쓸 수 있는 최상의 감성으로 우리들로 하여금 라벤더를 휘감은 바람의 냄새와 꽃의 향기를 보게 하고, 자연을 사랑하게 이끌어주었다. 이어, 본격 가드닝 안내서 『정원의 발견』에서는 식물을 어떻게 키우고 가까이할 수 있는지와 정원의 바탕이 되는 흙과 함께 느리게 천천히 가는 깨달음을 안겨주었다.

이번 『가든 디자인의 발견』 책은 오경아 작가가 7년간의 유학생활을 마치고 돌아와 서울과 지방에서 작업했던 보기 드문 작품들의 콘셉트와 스케치, 그리고 유럽을 대표하는 열 곳의 정원이 탄생하게 된 배경과 조경가들의 철학 등을 풍성한 사진과 도판 자료와 그녀만의 서정적인 글로, 마치 곁에서 같이 걸으며 담소를 나누듯 친근하고 섬세하게 들려주고 있다. 특히, 손그림으로 디자인 팁들까지 보충 설명하는 부분에서 이 책은 압권이다.

그녀와 가든 투어를 해본 사람은 안다. 긴 시간을 통해 얻은 경험과 지식을 기꺼이 나누는, 그녀의 심성이 얼마나 따뜻한지를……. 요즈음 많은 사람이 공간에 자연의 냄새를 담아보려 노력하고 있다. 자연의 소리와 자연의 건강함을 더 알고 싶은 것일 게다. 농사 짓기와 정원 일에 푹 빠진 나 또한, 이제 자연이 도와주지 않으면 어떤 것도 디자인할 수 없게 되어버렸다. '농사짓는 건축가', '밭 가꾸는 디자이너'를 꿈꾸며 찬찬히 나아가고 있는 나의 길에, 친구이자 멘토인 오경아 작가의 가든 디자인 노하우가 오롯이 담겨 있는 이 책은, 나를 비롯한 많은 이들에게 배움과 함께 또 하나의 깨달음을 안겨주는 소중한 선물이다.

— 최시영(디자이너, 리빙엑시스 대표)

들어가며

....

"가든 디자인이 뭔가요?"

"조경과 가든 디자인은 무엇이 다른가요?"

"가든 디자인을 전문적으로 배우려면 꼭 해외로 가야만 할까요?"

7년 동안의 영국 유학생활을 마치고 한국으로 돌아와 가든 디자이너로 활동해오면서 내가 가장 많이 받는 세 가지의 질문이다. 개인적으로 다섯 번째가 되는 이 책『가든 디자인의 발견』(유럽편1)을 준비하면서 나는 이 세 질문을 여러 번 머릿속에 되새겼다. 가든 디자인이란 무엇일까? 우리가 알고 있는 조경이라는 개념과 유럽인들이 말하고 있는 가든 디자인의 영역은 분명 다르기에, 우리식으로 가든 디자인에 대한 적절한 정의를 내리고 그 방향을 잡아가는 것은 내게도 참 많은 고민과 생각이 필요한 일이었기 때문이다. 정원의 '무엇을', '어떻게' 디자인하는 것이 가든 디자이너의 일일까? 굳이 해외로 공부하러 가지 않아도 전문적인 가든 디자인에 관해 배울 수 있는 방법은 없을까? 바로 그러한 질문들의 답을 하나하나 찬찬히 가늠하고 완성해서 여러분과 함께 나누고자 하는 바람으로 이 책을 구상하고 집필하게 되었다.

가든 디자인은 원예, 건축, 예술이 혼합된 종합 영역이라고 할 수 있다. 정원 안에는 사람이 다녀야 하는 길도 필요하고, 앉아서 쉴 수 있는 정자와 같은 공간, 식물이 자라는 화단, 큰 나무가 멋스럽게 자리 잡은 풍경, 물을 담아두는 연못과 뿜어내는 분수, 온실, 텃밭, 울타리, 담장, 대문 등의 구성 요소가 아주 많다. 이런 요소들을 어떻게 배열하고, 어떤 모양으로 만들고, 어떤 소재로 만들까를 종합적으로 그려내는 일이 가든 디자인이고, 이런 일을 하는 사람을 가든 디자이너라고 부른다.

많은 분들이 내가 정원에 지을 정자를 디자인하고 벤치, 돌담 심지어 대문까지 디자인한다는 사실에 놀라기도 한다. 가든 디자이너를 식물을 어디에 둘 것인가를 그려내는 사람으로만 국한시킨다면 조금은 놀라운 일일 수도 있다. 그러나 가든 디자이너의 일에는 분명 정원의 요소가 되는 모든 공간의 연출, 그 안에는 소품의 디자인까지도 포함된다. 바로 이런 이유 때문에 가든 디자이너가 되기 위해서는 건축과 미술 공부를 병행해야 하는 어려움이 따른다.

이 책은 〈오경아의 정원학교 시리즈〉의 두 번째 책으로 기획되었다. 〈오경아의 정원학교 시리즈〉는 특별히 가든 디자인을 배울 수 있는 학교나 수업, 선생님을 만날 수 없다면 정원학교 시리즈를 통해 어느 정도 가든 디자인에 대한 감각을 익힐 수 있지 않을까 하는 바람으로 구성한 것이다. 그래서 시리즈 책의 발간 순서도 그 과정에 따랐다. 이미 출간된 정원학교 시리즈의 첫 권인 『정원의 발견』은 원예의 기초 지침서다. 정원을 디자인하기 위해서는 무엇보다 식물의 이해와 관리방법에 대한 노하우를 아는 일이 선행되어야 하기 때문에, 가든 디자인의 세계로 들어가기 앞서 식물 원예와 가드닝 대한 기초 사항들을 먼저 설명하고자 했다. 그리고 『가든 디자인의 발견』을 준비하면서 다시 유럽 1, 2편, 동양편으로 구성을 나누었다. 이 책들에서는 가든 디자인의 노하우를 막연하게 이론으로만 언급하기보다는 아직도 그 원형이 제대로 남아 있는 동서양의 유수한 정원들을 중심으로 그 안에 어떤 디자인 원리와 기법들이 숨어 있는지를, 그 각각을 어떻게 실제 사용할 수 있을지에 주안점을 두고 풀어나가고자 한다.

'유럽 1편'은 필자가 가장 많이 공부한 장소이고 현재 정원 문화의 최고를 자랑하는 영국의 정원이 중심이고, 다음으로 이어질 '동양편'은 우리나라를 포함한 일본, 중국,

싱가포르, 인도의 가든 디자인 노하우가 언급될 예정이다. 그리고 '유럽 2편'은 다시 유럽의 정원으로 돌아와 이탈리아, 프랑스, 스페인, 네덜란드의 가든 디자인을 다룰 예정이다. 끝으로 정원학교 시리즈 가운데 내가 가장 쓰고 싶은 영역을 다룰 『식물 디자인의 발견』은 식물을 색, 형태, 질감으로 어떻게 디자인할 수 있는지, 정원이라는 공간 속에 어떤 비율과 배치로 디자인이 가능한지 등을 자세히 다룰 것이다.

프로의 자세로 가든 디자이너 활동을 하고 있지만 나 역시도 여전히 많은 실수를 통해 정원에 대해 여러 가지를 배운다. 살아 있는 식물은 결코 디자이너의 도면처럼 자라주지도 않고 정원이라는 특성상 누가 정원을 관리하느냐에 따라 그 모습이 시시각각 달라진다. 다른 디자인의 영역과 가든 디자인이 확연하게 구별되는 점이 여기에 있다. 가든 디자인은 디자이너의 독창적인 아이디어만으로 이뤄지는 것이 아니라 지역, 기후, 그곳에 사는 사람, 그리고 시간이라는 변수에 의해 완성된다. 디자인을 마친 정원을 계절별로 다시 찾아가보면 그 변해가는 모습에 때로는 실망도 하지만 때로는 말로 다 할 수 없는 감동을 느끼게도 된다.

식물 스스로 굵기와 크기를 키우고, 집주인의 정성으로 더 탐스러워진 꽃과 잎이 건축물과 아름답게 시간을 보낸 모습은 마치 잘 나이 들어가는 사람과 마주앉아 차 한잔 마시며 이야기를 나누는 것처럼 포근하고 삶에 위로가 된다. 그게 바로 정원의 매력이 아닐까 싶다. 그 매력을 맛볼 수 있는 기초가 되는 가든 디자인의 노하우를 이 책을 통해 많은 분들이 즐겁게 배워볼 수 있기를 바란다.

2015년 3월
지은이 오경아

라 디자인, 비우는 공간, 통제와 넘침의 조화

가든 디자인은
식물, 건축, 디자인의 이해를 통해
정원이라는 공간을
아름답고, 기능적으로, 안락하게
구성하는 작업이다.

1부

초보자도 알기 쉽게 배우는 가든 디자인의 세계

✤✤ 가든 디자인이란 무엇인가 ✤✤
✤✤ 가든 디자인의 요소와 표현법 이해하기 ✤✤

아름다운 정원을 만들기 위한 첫걸음,
가든 디자인 바로 알기

가든 디자인의 역사

　정원을 디자인하는 일은 언제, 누구로부터 시작되었을까? 정원을 만드는 일 자체가 머릿속에서 밑그림을 그린 뒤 진행되었을 테니, 정원이 조성되기 시작하면서 가든 디자인도 함께 발달했다고 봐야 할 것이다.

　그렇다면 좀 더 직업적인 전문가가 생겨난 시점은 언제였을까? 많은 이견이 있지만 서양의 경우, 현대적 의미의 전문 직업인으로서 정원의 밑그림을 그려온 설계자의 등장은 17세기 프랑스의 클로드 몰레(Claude Mollet, 1564~1649), 그의 아들 앙드레 몰레(André Mollet, ?~1665), 루이 14세의 전속 가든 디자이너였던 앙드레 르 노트르(André Le Nôtre, 1613~1700)에서 그 맥을 찾을 수 있다.

　동양의 경우는 어떨까? 동양에도 가든 디자이너가 있었음에 틀림없지만 대부분의 정원이 그 정원의 주인이거나 문인, 화가 혹은 통합적으로 건축을 담당했던 장인이나 풍수지리가에 의해 조성되어왔다. 때문에 직업인으로서 가든 디자이너를 찾는 일은 동양 정원에서는 쉽지 않았고, 당시에는 있었다 할지라도 지금까지 그 이름이 전해져온 경우가

조선 중기의 정치가이자 문인이었던 윤선도(尹善道, 1587~1671)는 직업인으로서의 전문 가든 디자이너는 아니었지만, 보길도를 포함한 여러 곳에 자신의 정원 디자인을 남긴 우리나라의 대표적 정원 디자이너라고 볼 수 있다. 보길도 세연정의 정자에서 바라본 정원 풍경.

거의 없는 실정이다.

요즘은 많은 단어 뒤에 '디자인'이라는 말을 쓴다. 머리도 디자인을 한다고 해서 헤어 디자인이고 그래픽 디자인, 상품 디자인 등등이 있다. 그런데 디자인(design)이라는 말은 과연 무슨 뜻이고, 무엇을 한다는 의미일까? 영어의 어원을 살펴보면 de는 '드러내다, out'의 의미가 있다. 여기에 sign은 '기호 혹은 상징, to mark'여서 풀이하자면 '기호를 드러내는 행위'가 곧 디자인인 셈이다. 이런 관점에서 보면 식물을 디자인한다는 뜻도 결국은 '식물을 통해 어떤 상징 혹은 의미를 밖으로 드러내는 행위'일 것이다.

가든 디자이너는 무슨 일을 할까?

그렇다면, 가든 디자이너는 무슨 일을 할까? 두말할 것 없이 가든 디자인을 담당한다. 하지만 가든 디자인이란 단순히 식물을 선택해 심는 것만을 뜻하지는 않는다. 가든 디자인은 흙의 성분을 이해하고, 계절의 변화와 각각의 정원이 갖고 있는 기후를 파악해 식물을 조화롭게 선정하며, 식물과 함께 어우러질 수 있는 건축물의 디자인도 함께 구상해 가는 일이다. 그리고 총괄적으로는 이 모든 것을 담은 도면을 설계하고 실제로 정원을 만들어낼 수 있도록 해주는 일이다.

가든 디자이너가 건축을 공부하는 이유

좋은 가든 디자인을 하기 위해서는 크게 세 가지 영역을 배우는 일이 필요하다. 하나는 식물을 이해하는 원예(horticulture)이고, 정원 내 구조물의 특성을 파악하고 디자인할 수 있는 건축(architecture), 그리고 이것을 아름답게 마무리하는 예술(art) 감각이다. 특히 최근의 가든 디자인 경향은 단순한 식물의 배치 차원에서 벗어나 정원 안의 구조물인 파고라, 파빌리온, 벤치, 담장, 화단, 바닥 등의 건축적 디테일까지 제시해주어야 하기에, 건축에 대한 공부도 식물에 대한 공부만큼이나 중요한 과정이다.

가든 디자이너와 정원사의 차이 ᙽᙽᙽ

가든 디자이너와 정원사는 비슷해 보이지만 하는 일이 매우 다르다. 작업의 성격적 측면에서 보자면, 가든 디자이너는 오히려 건축가와 비슷한 일을 한다. 건축가가 집을 어떻게 지을 것인지를 구상하여 도면으로 그려내듯, 가든 디자이너는 정원에 어떤 식물을, 어떤 자리에, 어떤 구조물과 함께 설치할지 등을 세세하게 도면으로 표현하고, 이 도면을 바탕으로 시공자가 원활히 정원을 완성할 수 있도록 해주는 것이다. 반면 정원사는 이렇게 만들어진 정원의 관리자로, 어떻게 하면 식물을 잘 키울 수 있을 것인가에 대해 고민하고, 식물이 건강하게 자랄 수 있도록 돕는 일을 담당한다.

하지만 정원사와 가든 디자이너는 밀접한 관계에 있다. 정원사는 가든 디자이너보다 식물에 대한 풍부한 지식과 경험을 지니고 있기 때문에, 큰 프로젝트의 경우 가든 디자이너와 정원사가 설계 단계부터 공동으로 작업하는 일이 많다. 가든 디자이너 중 정원사 출신이 많은 것도 이러한 관계를 짐작할 수 있게 한다.

가든 디자이너가 식물의 구성을 디자인하여 스케치 혹은 도면으로 표현하는 사람이라면, 정원사는 식물이 잘 살 수 있도록 정원을 관리하는 사람이다. 그러나 최근에는 식물에 대한 이해와 지식이 많은 정원사와 가든 디자이너가 함께 프로젝트를 진행하는 사례가 많다. Design by 오경아(대구 K씨 댁 과수원 디자인)

조경가와 가든 디자이너의 차이 ᙽᙽᙽ

그렇다면 조경가와 가든 디자이너는 같은 일을 하는 사람일까? 이 둘의 경계는 뚜렷하지 않다. 세계적인 경향으로 봤을 때 조경가가 가든 디자인까지 하는 경우가 많고, 또 반대로 가든 디자이너들 가운데 조경을 전공한 사람들도 대다수이기 때문이다. 어떤 이는 조경과 가든 디자인의 차이가 그 규모(scale)에 있다고 보기도 한다. 조경이 좀 더 넓

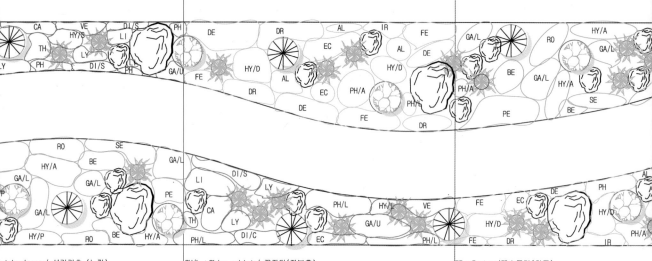

takevimense/ 섬기린초 (노랑)
mcanda chinensis/아기 범부채 (주황)
isetum alopecuroides/ 수크령 (초록)
arinus officinalis/ 로즈마리 (초록)
ium verum var.asiaticum/솔나물 (노랑)
pericum ascyron/ 물레나물 (노랑)
pericum patulum Thunb/ 금사매 (노랑)

PH/L :*Phlox sublata*/ 꽃잔디(진분홍)
CA :*Carypoteis incana*/ 층꽃/ 연분홍
IR :*iris lactea var. chinensis*/ 타래붓꽃(보라)
EC :*Echinacea purpurea*/ 에치나세아 (흰색 + 분홍)
LY :*Lythrum anceps*/ 부처꽃 (분홍)
LI :*Liatris spicata*/리아트리스 (분홍)
TH :*Thailctrum rochebrunianum*/ 금꿩의 다리 (초록+ 분홍)
GA/U :*Gaura* 가우라 (흰색 + 분홍색)
HY/L :*Hylotelephium spectabille* / 큰꿩의 비름(흰색 + 분홍색)
DI/C :*Dianthus chinensis*/ 사계 패랭이(진분홍색)
DI/S :*Dianthus superbus*/ 술패랭이(진분홍색)
VE:*Veronica rotunda var. subintegra*/산꼬리풀(분홍색)

FE :*Festuca*/페스투카(청록)
DR :*Dracocephalum argunense*/ 용머리 꽃/ (보라)
DE :*Deutzi gracillis*/ 애기말발도리(흰색 +초록)
PH :*Pennisetum alopecuroides*/ 수크령 (녹색)
PH/A :*Phalaris arundinacea var. picta*/흰줄 갈풀 (초
HY/D :*Hydrangea serrata*/산수국 (흰색)
EC :*Echinacea purpurea*/에키나세아 (분홍 + 흰색)
GA/U :*Gaura* 가우라 (흰색 + 분홍색)
PH/L :*Phlox sublata*/ 꽃잔디(진분홍)
IR :*iris lactea var. chinensis*/ 타래붓꽃(보라)
AL :*Allisum senescens*/두메 부추(흰색)

o 1   Group 2   Group 3

가든 디자인의 발견

22

고 큰 공간(공원, 둔치, 가로수길)을 디자인하는 것이라면, 가든 디자인은 작은 가정집의 정원을 디자인하는 것이라는 관점이다. 그러나 단지 이것만으로는 둘 사이의 구별이 충분하지 않을 듯싶다.

조경가와 가든 디자이너가 다루는 작업의 구체적 차이는 '공간의 성격'에 있다. 조경가의 작업 공간이 공공성이 강조되는 장소, 즉 불특정 다수를 위한 공원, 둔치, 체육시설 등에 집중된다면, 가든 디자이너의 작업 공간은 주인이 뚜렷한 곳으로 사립수목원, 가정집, 회사 정원 등으로 구분이 가능하다. 이런 특징으로 말미암아 조경은 '안전과 공공성'이 특히 중요해지는 한편, 가든 디자인은 디자이너와 해당 공간 소유자의 '예술적 가치'를 중시한 주관적 연출이 가능해진다.

이해를 돕기 위해 조경가를 뜻하는 영어 'landscape architect'를 풀어보자. 이 단어 속에는 '건축가'라는 의미가 포함되어 있다. 결론적으로 지붕이 덮인 공간을 연출하는 사람이 건축가라면, 지붕이 없는 오픈된 공간을 디자인하는 사람이 조경가인 셈이다. 여기에 비해 'garden designer(가든 디자이너)'는 정원을 '디자인'하는 사람이다. 건축가가 아니라 디자이너의 개념이 더 부각된다. 때문에 가든 디자이너는 단순히 식물을 심는 공간을 분할하고 정원 안의 건축물을 설계하는 사람이기보다는, 식물의 구성을 색과 형태 그리고 크기와 계절감으로 디자인하고, 이것이 정원 안의 다양한 건축물들과 어떻게 어울릴 수 있는지를 작가적 예술 감각으로 표현해내는 사람이라고 할 수 있다.

딱딱함과 부드러움을 조화시켜라

그렇다면 가든 디자이너는 실질적으로 무엇을 디자인할까? 가든 디자이너에게 가장 기본이 되는 것이 딱딱한 재료와 부드러운 재료의 구별이다. 영어로 'hard landscape'라고 표현하는 가든 디자인의 딱딱한 재료에는 시멘트, 돌, 벽돌, 목재, 철 등이 있다. 가든 디자이너는 이러한 재료를 이용해 정원 안의 구조물인 담장, 문, 퍼고라, 벤치, 바닥, 오두막집, 분수, 파빌리온 등을 구상한다. 반면 'soft landscape'라고 표현하는 부드러운 재료는 나무, 관목, 초본식물 등 모든 식물을 가리킨다.

가든 디자인의 세계는 이 상반된 두 영역을 조화롭고 아름답게 구성하는 일이다. 전통

정원은 딱딱한 재료(건축적 요소)와 부드러운 재료(식물)의 결합이다. 가든 디자인은 이 두 재료의 조화로운 결합을 통해 아름다움을 이끌어내는 작업이다. Design by 오경아(경기도 기흥 C씨 댁 텃밭정원, 2012)

적으로 이 두 영역을 총괄하는 가든 디자이너도 있지만, 각 재료의 전문 디자이너인 건축가와 식물 디자이너가 공동 작업으로 정원을 만들기도 한다. 건축가는 하드 랜드스케이프의 영역을, 가든 디자이너는 소프트 랜드스케이프의 영역을 맡는 식이다. 가든 디자이너였던 영국의 거트루드 지킬(Gertrude Jekyll)과 건축가였던 에드윈 루티엔스(Edwin Lutyens)의 관계를 그 예로 찾아볼 수 있다. 정원의 건축물을 에드윈이, 식물의 구성을 거트루드가 완성시켜 그들만의 독특한 정원 세계를 발전시킨 것이다.

도면의 이해

가든 디자이너는 언어(글)가 아니라 도면(그림)으로 의사소통을 한다. 도면은 일반적으로 시공자와 정원의 주인을 위해 그려지는데, 그 안에 가든 디자이너가 표현하고자 하는 요소가 모두 담겨야만 디자인을 성공적으로 현실화할 수 있다.

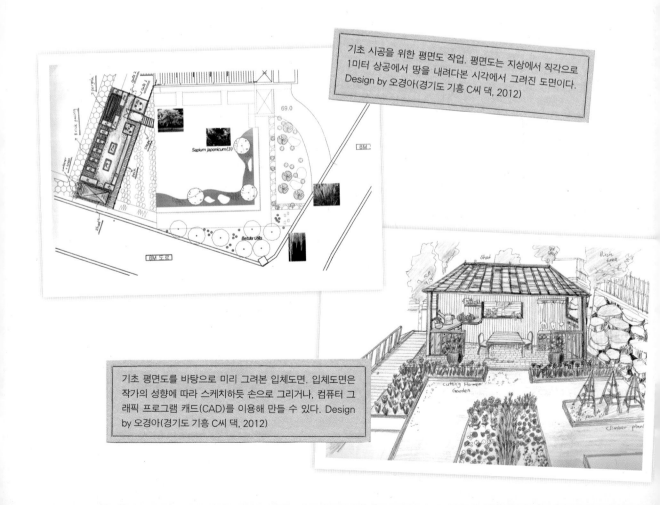

기초 시공을 위한 평면도 작업. 평면도는 지상에서 직각으로 1미터 상공에서 땅을 내려다본 시각에서 그려진 도면이다. Design by 오경아(경기도 기흥 C씨 댁, 2012)

기초 평면도를 바탕으로 미리 그려본 입체도면. 입체도면은 작가의 성향에 따라 스케치하듯 손으로 그리거나, 컴퓨터 그래픽 프로그램 캐드(CAD)를 이용해 만들 수 있다. Design by 오경아(경기도 기흥 C씨 댁, 2012)

도면은 크게 위에서 직각으로 내려다보는 방식으로 그려진 '평면도'와 옆면을 그린 '입면도'가 있다. 건축도면과 크게 다를 바 없지만 다른 점을 꼽으라면 식물의 구성이 매우 자세히 담겨야 한다는 것이다. 가든 디자인 도면에는 식물 종의 이름과 식물의 가지가 펼쳐지는 반경, 굵기, 키 등이 정확하게 표시되어야 한다. 물론 식물을 심을 때에는 이미 다 자란 나무를 심지 않기 때문에 식물이 다 자랐을 때의 상황을 짐작해 도면에 표시해주는 것이 중요하다.

시공의 이해 ❧

일반적으로 가든 디자이너의 할 일은 도면을 만들어주는 작업에서 끝이 난다. 그러나 자신이 그린 도면대로 시공이 이루어지고 있는지에 대한 감독 또한 중요하다. 때문에 가든 디자이너는 총괄적으로 모든 것을 바라볼 수 있는 눈을 지녀야 한다. 시공 과정에 대해 숙지하고 있어야 하고 시공에 필요한 평면도, 입면도, 단면도가 정원의 요소마다 잘 그려져야 한다. 더불어 식물을 심는 시기를 조절해주거나 깊이나 지지대 설치에 대한 조언과 함께 향후 계절에 따라 식물이 어떻게 달라질 수 있고, 무엇을 관리해야 하는지에 대해서도 전문적인 조언을 해줄 수 있어야 한다.

가든 디자인의 순서 ❧

자신을 위한 정원이든, 고객을 위한 정원이든 가든 디자인을 하기 위해서는 그곳을 지속적으로 이용하게 될 주인의 선호도와 조건을 충분히 고려하는 과정이 필요하다. 이것을 고객 선호도 조사라고 한다. 어떤 타입의 정원을 원하는지, 특별히 원하는 수종이 있는지, 원하는 색상은 무엇인지 하는 것까지도 파악하는 것이 중요하다. 더불어 얼마나 지속적으로 정원을 유지하고 관리할 수 있는가를 알기 위해, 일주일에 어느 정도 정원 일에 시간을 할애할 수 있는지, 전문 정원사가 있을 수 있는 환경인지 등에 대한 정보가 반드시 필요하다. 아무리 아름다운 정원을 디자인하고 그것을 만들어놓았다 해도, 관리에 실패하면 정원은 잡초가 우거진 골칫덩어리 공간이 될 수밖에 없기 때문이다.

1 · 고객 리스트(client brief) 작성하기

정원의 주된 이용자를 파악하라

만약 주부가 정원의 주된 이용자라면 채소와 과일을 수확할 수 있는 텃밭 정원이 적합할 것이다. 그러나 남성이라면 텃밭 외에도 특정 나무나 식물에 대한 수집에 관심이 많을 수도 있다. 정원을 가장 많이 중점적으로 이용할 사람이 누구인지를 파악하는 것은 정원을 디자인하는 데 첫 번째 키워드가 된다.

정원에 할애할 수 있는 시간을 따져라

아무리 의욕이 넘친다 해도 맞벌이 부부의 경우, 정원에 할애할 수 있는 시간이 일주일 가운데 몇 시간에 불과할 것이다. 따라서 이용자가 정원을 가꾸는 데 어느 정도의 시간을 들일 수 있는지를 먼저 알아보고, 그에 맞추어 관리가 가능한 형태로 정원을 디자인해주어야 한다.

특별한 선호도가 있는지 알아본다

자연을 모방한 동양풍 정원, 유럽식의 형태가 뚜렷한 정원, 꽃의 정원, 물의 정원, 텃밭 정원 등 이용자가 어떤 타입의 정원을 좋아하는지, 또한 건축물의 소재에 있어서도 나무, 돌, 철 등 어떤 재료를 좋아하는지를 파악하여 디자인에 잘 활용해야 한다.

2 · 장소 조사하기(site analysis)

가든 디자인은 현장의 상황을 잘 파악하는 데서부터 시작된다. 각각의 정원은 매우 다른 특징을 지니고 있고, 기후 또한 정원이 들어선 방향과 주변 상황에 따라 달라지기 때문이다. 그래서 정원이 들어설 곳의 미세기후(micro climate)를 파악하는 일이 반드시 필요하다. 미세기후를 잘 파악하기 위해서는 공간을 쪼개어 온도와 바람의 강도, 빛의 양을 파악하고, 사계절의 변화는 물론 하루에도 시간대별로 기후에 어떤 변화가 있는지를 관찰해야 한다.

더불어 정원의 흙이 습기를 많이 머금고 있는지, 메마른 땅인지, 알칼리성인지, 산성

1 · 벽돌 깔기
2 · 데크길 놓기
3 · 나무 퍼고라 제작
4 · 식물 심기

가든 디자이너는 식물 심기는 물론이고 건축상의 시공 순서와 세
세한 디테일에 대해서도 완벽하게 이해하고 있어야 한다. (경기도
기흥구 C씨 댁 조성 모습, 2012)

인지에 따라서도 식물 디자인이 달라져야 한다. 전반적으로 장소 조사에는 다음 요소들이 포함된다.

• 측량 • 날씨 이해하기 • 집과 정원의 관계 이해하기 • 주변 환경 이해하기
• 주요 시설물 파악하기 • 방향 파악하기 • 가능한 식물군 파악하기 • 흙의 타입 파악하기

for the Thinking Gardener

좋은 가든 디자인이란?

정원을 어떻게 디자인하는 것이 좋은 디자인인가에 대한 답은 찾기 힘들다. 각각의 취향과 선호도가 다르니 같은 정원이라도 이용자에 따라 좋고 싫음이 분명하게 다를 수 있다. 천차만별로 선호가 달라질 수밖에 없기 때문에 어떤 디자인이 더 우수한가를 따지기도 어렵다. 하지만 우리가 잊지 말아야 할 중요한 요소가 있다. 바로 왜 이 정원을 만들고 있는지에 대한 목적이다. 정원에서 가족과 함께할 시간을 갖기 위해서라면 가족이 함께 모일 수 있는 장소가 디자인적으로 충분히 배려되어야 하고, 개인의 지친 심신을 조용히 가라앉히기 위한 힐링 장소로 정원을 원한다면 이 역시도 그 의도에 충실해야 한다. 그래서 왜 이 정원을 만들고자 하는가에 대한 충분한 고려의 시간이 먼저 필요하다.

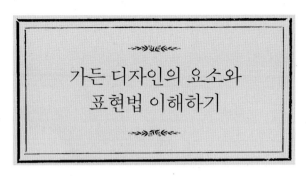

가든 디자인의 요소와
표현법 이해하기

가든 디자인을 위한 도면 그리기

아름다운 정원을 디자인하는 데 특별한 원칙이나 요령이 있을까? 물론 가든 디자인의
순서나 매뉴얼이 따로 정해져 있는 것은 아니지만, 보통의 절차상 다음과 같은 순서로
진행된다. 먼저 가장 중요한 일은 머릿속으로 정원에 대한 밑그림을 구상하는 것이고,
이후에는 그 그림을 시공이 가능하도록 실제 도면으로 완성하는 것이다. 그렇다면 정원
을 디자인하기 위해 꼭 필요한 요소와 생각해야 할 점은 무엇일까?

• **예산의 범위:** 아무리 좋은 정원을 만들고 싶어도 예산의 범위를 벗어날 수는 없다. 처
음부터 예산에 맞춰 소재와 재료를 염두에 두고 시작하는 것이 좋다.

• **정원의 환경 이해하기:** 땅의 모양, 빛의 방향, 기후, 흙의 특징, 이웃과의 관계는 정원
을 이해하는 첫 번째 키워드다. 만일 정원이 통행량이 많은 도로변에 인접해 있다면 무
엇보다 소음과 공해를 완화시킬 수 있는 나무 벨트나 방음벽 등의 구성이 필수적일 수

가든 디자이너는 정원의 도면을 그리는 사람으로, 나무와 건축적 구조물의 조화를 아름답게 디자인하는 일을 한다. 실제 착공이 완료된 일산 백마역 주변 녹지공원 조성을 위한 스케치.
Design by 오경아(경기도 일산 백마교 인근 녹지 지구)

Pinus strobus

Prunus armeniaca

Prunus armeniaca

Cornus officinalis

due to sim...
in smell of citr...
leaves and fruit with
cedar

Prunus salicina

Albizia julibrissin

Liriodendron t...

Zelkova serrata

Hibiscus syriacus

Liriodendron tulipifera

Four ancest...
  i) Fortun...
  ii) Ponci r...
  iii) Microcitr...
  iv) citrus...
  v) Triphasia
  vi) Clymenia
  (...ery rind)

...mall trees
...all / spiny shoot
...leaves
...4 cm D
...white petals
...merous stamens
...ngly scented
...uit
...long
...diametre
...ricarp.

(Kumquats)

있다. 또 이웃한 건물 때문에 하루 종일 볕이 들지 않는다면 그늘에 강한 식물로 정원을 구성하여 생존이 가능하도록 디자인적 배려를 해주어야 한다.

• **측량하기**: 정원으로 만든 땅의 크기를 정확하게 자로 잰다. 철물점에서 파는 30미터, 50미터의 긴 줄자를 이용하거나 가격은 비싸지만 수고로움을 덜 수 있는 레이저 거리 측정기를 사용할 수도 있다.

축척이나 측량이 잘못됐을 경우 근본적인 실수를 야기할 수 있기 때문에 주의해야 한다. Design by 오경아(인제 K씨 댁 텃밭 정원 조성 현장, 2013)

• **축척을 이용해 땅의 모양 그리기**: 정확한 밑그림 그리기를 위해 축척자를 이용해 도면 위에 땅의 모양을 그린다. 보통은 1 대 100이나 1 대 50 정도의 축척을 사용한다. 이 땅의 전체 모양은 이제 수많은 생각과 아이디어를 옮겨놓는 연습지로 정원의 구상이 끝날 때까지 늘 함께하는 동반자가 되어야 한다.

• **공간과 동선 만들기**: 입구에서 건물까지, 건물에서 정원의 구석구석을 연결하는 동선은 가든 디자인에 있어 가장 우선적으로 생각해야 할 요소다. 너른 정원의 경우는 순환식으로 한 바퀴를 돌고 나오도록 구성을 하기도 하지만 좁은 정원의 경우는 일자형 동선을 많이 쓴다.

• **평면도 그리기**: 평면도는 1미터 상공으로 몸을 띄워 직각으로 땅을 내려다봤을 때의 그림으로, 일반적으로는 옥상과 같이 높은 곳에서 내려다본 모습의

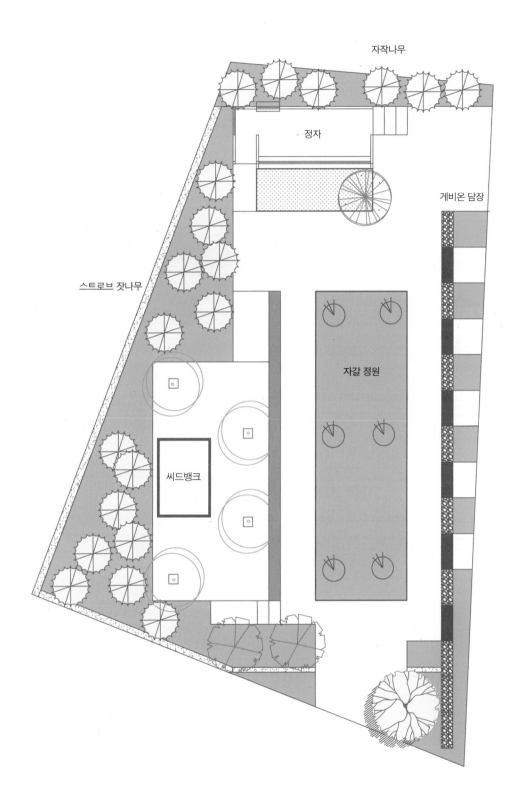

자작나무

정자

게비온 담장

스트로브 잣나무

자갈 정원

씨드뱅크

상공에서 내려다본 그림인 평면도. 평면도 안에는 건물의 위치, 동선, 바닥의 재료, 나무의 선정 등 시공에 필요한 기초 정보가 상징이나 글로 표현되어 있어야 한다. Design by 오경아(순천국제정원박람회, 씨드뱅크 가든, 2013)

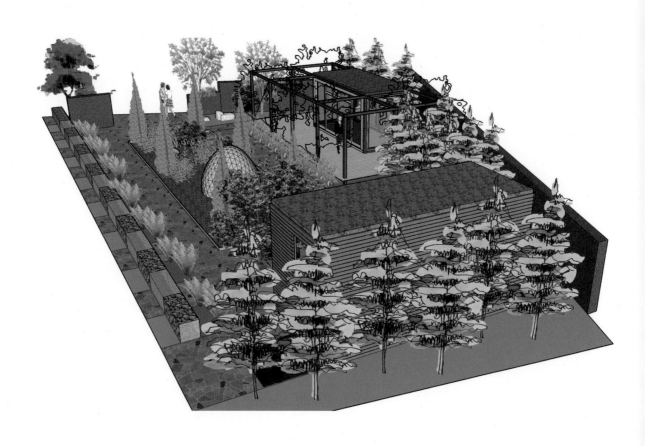

캐드(CAD)를 이용해 그린 정원의 3D 도면. 원근법을 활용하기 때문에 훨씬 자연스럽게 보이지만 평면도에 비해 왜곡이 심해 실질적인 시공 도면이라기보다는 전체 정원의 이해를 위해 그려진다. Design by 오경아(순천국제정원박람회, 씨드뱅크 가든, 2013)

도면을 말한다. 가든 디자인의 기본 구성은 대부분 이 평면도를 중심으로 이뤄진다.

• **측면도 그리기:** 평면도만으로는 식물, 건물의 크기를 가늠하기가 어렵다. 사람들이 직접 느끼게 되는 정원의 모습은 평면도가 아니라 사람의 눈높이에서 실제로 어떻게 정원이 구성되는지를 잘 파악할 수 있는 측면도이기 때문에, 가든 디자인에 있어 측면도 그리기는 필수적이다.

• **식물 디자인 도면 그리기:** 정원 속에 어떤 식물이 심어지는지, 그 식물의 크기와 색상을 자세하게 남기는 그림으로, 가든 디자인의 핵심 도면이라고 볼 수 있다.

• **원근법을 활용한 그리기:** 흔히 조감도라고도 한다. 정원이 완성되었을 때 입체적으로 어떻게 보이는지를 그려주는 그림으로 손그림이나 캐드(CAD) 프로그램을 이용한 3D 영상으로 만들어낸다.

• **시공에 필요한 구체도면 그리기:** 바닥 깔기, 울타리 세우기, 연못 만들기 등 정원을 조성할 때 건축 시공에 필요한 세부 도면을 그리는 작업을 말한다. 주로 1 대 50의 축적을 이용하고 사용하는 재료의 깊이, 넓이, 두께 등이 자세히 표현된다. 식물 심는 방법, 식물의 지지대 설치 방법도 구체도면에 포함된다.

가든 디자인의 세부 영역 ᵏᵉᵏᵉᵏ

전체적인 정원의 윤곽이나 어디에 무엇을 설치할 것인가 등의 구상이 끝났다면, 이제 각각의 세부 영역별 디자인이 필요하다. 다음에서는, 일반적으로 정원 구성의 9대 요소라고 할 수 있는 동선, 입구, 바닥, 울타리, 경계, 레벨 체인지, 구조물, 화분, 앉는 공간, 식물의 디자인에 대해 하나하나 살펴볼 것이다.

정원의 모든 디자인은 반드시 아름다움과 기능이라는 두 마리 토끼를 잡을 수 있어야 한다. 그러므로 평소 꾸준한 답사나 현장 조사를 통해 가든 디자인의 다양한 요소들에 대한 이해와 디자인적 감각을 습득하는 일이 무엇보다 중요함을 꼭 기억하길 바란다.

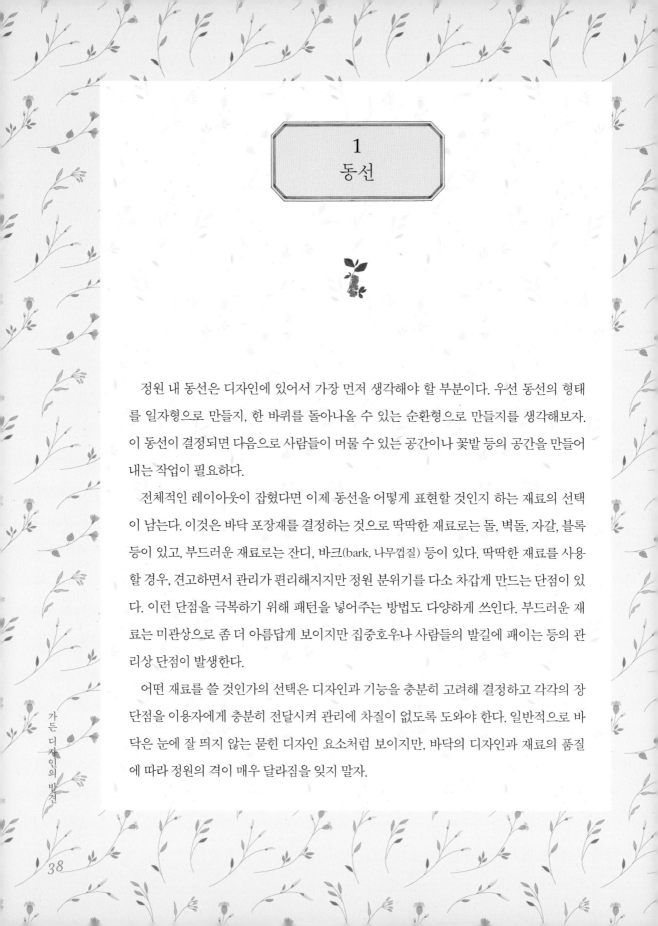

1
동선

정원 내 동선은 디자인에 있어서 가장 먼저 생각해야 할 부분이다. 우선 동선의 형태를 일자형으로 만들지, 한 바퀴를 돌아나올 수 있는 순환형으로 만들지를 생각해보자. 이 동선이 결정되면 다음으로 사람들이 머물 수 있는 공간이나 꽃밭 등의 공간을 만들어내는 작업이 필요하다.

전체적인 레이아웃이 잡혔다면 이제 동선을 어떻게 표현할 것인지 하는 재료의 선택이 남는다. 이것은 바닥 포장재를 결정하는 것으로 딱딱한 재료로는 돌, 벽돌, 자갈, 블록 등이 있고, 부드러운 재료로는 잔디, 바크(bark, 나무껍질) 등이 있다. 딱딱한 재료를 사용할 경우, 견고하면서 관리가 편리해지지만 정원 분위기를 다소 차갑게 만드는 단점이 있다. 이런 단점을 극복하기 위해 패턴을 넣어주는 방법도 다양하게 쓰인다. 부드러운 재료는 미관상으로 좀 더 아름답게 보이지만 집중호우나 사람들의 발길에 패이는 등의 관리상 단점이 발생한다.

어떤 재료를 쓸 것인가의 선택은 디자인과 기능을 충분히 고려해 결정하고 각각의 장단점을 이용자에게 충분히 전달시켜 관리에 차질이 없도록 도와야 한다. 일반적으로 바닥은 눈에 잘 띄지 않는 묻힌 디자인 요소처럼 보이지만, 바닥의 디자인과 재료의 품질에 따라 정원의 격이 매우 달라짐을 잊지 말자.

1 · 자갈로 조성된 동선
2 · 나무껍질로 마감한 동선
3 · 돌로 조성된 동선
4 · 자연스러운 흙길
5 · 블록을 깔아 만든 동선
6 · 집중호우에 대비한 배수로

자갈, 바크, 블록, 돌, 흙길로 조성된 다양한 정원 내 동선의 포장 모습. 동선은 폭과 크기, 형태를 결정하는 것도 중요하지만 어떤 재료로 포장할 것인가에 대한 결정에도 신중해야 한다. 또한 사진 6에서처럼 집중호우에 대비한 배수로의 확보도 정원에서는 매우 중요한 기능적 요소다.

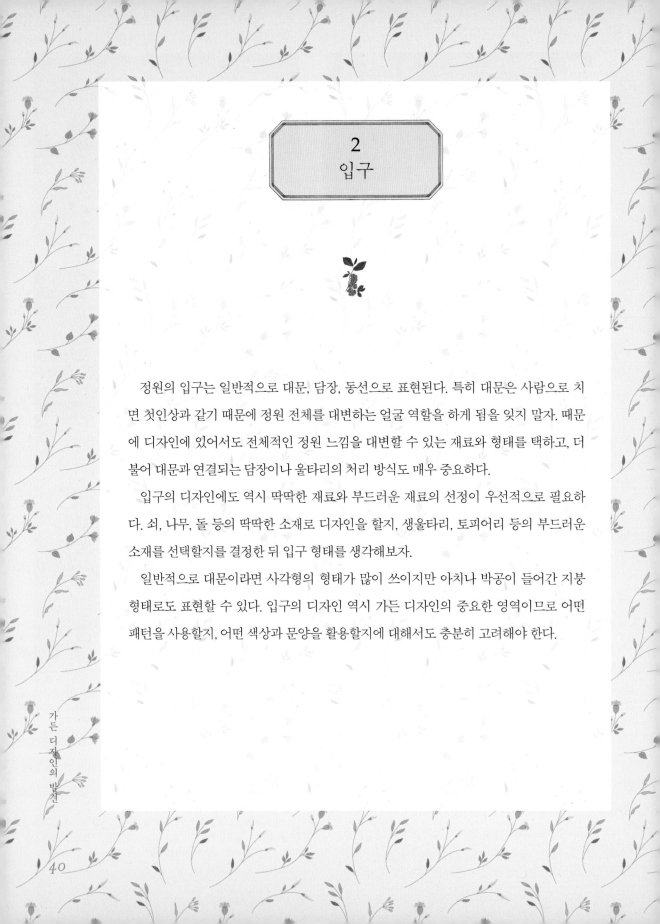

2
입구

　　정원의 입구는 일반적으로 대문, 담장, 동선으로 표현된다. 특히 대문은 사람으로 치면 첫인상과 같기 때문에 정원 전체를 대변하는 얼굴 역할을 하게 됨을 잊지 말자. 때문에 디자인에 있어서도 전체적인 정원 느낌을 대변할 수 있는 재료와 형태를 택하고, 더불어 대문과 연결되는 담장이나 울타리의 처리 방식도 매우 중요하다.

　　입구의 디자인에도 역시 딱딱한 재료와 부드러운 재료의 선정이 우선적으로 필요하다. 쇠, 나무, 돌 등의 딱딱한 소재로 디자인을 할지, 생울타리, 토피어리 등의 부드러운 소재를 선택할지를 결정한 뒤 입구 형태를 생각해보자.

　　일반적으로 대문이라면 사각형의 형태가 많이 쓰이지만 아치나 박공이 들어간 지붕 형태로도 표현할 수 있다. 입구의 디자인 역시 가든 디자인의 중요한 영역이므로 어떤 패턴을 사용할지, 어떤 색상과 문양을 활용할지에 대해서도 충분히 고려해야 한다.

1 · 철제로 만든 대문
2 · 생울타리를 이용한 입구
3 · 나무 문
4 · 대나무 문
5 · 유럽 시골풍 대문
6 · 한국형 아치 정원 입구(함양에 위치한 일두 정여창 고택)

정원의 입구는 대부분 대문의 형태로 표현되는데, 이때에도 딱딱한 재료와 부드러운 재료를 이용해 디자인한다.

3
울타리와 담장

담장은 정원을 둘러싸거나 나누는 영역으로, 아무리 작은 정원이라도 이웃집과의 경계, 도로와의 경계 등에 따라 생각할 것들이 많다. 게다가 울타리나 담장 역시 바닥과 마찬가지로 자칫 눈에 띄지 않는 구성 요소로 생각하기 쉽지만 식물을 받쳐주는 배경이 되기 때문에 이 처리가 미숙하게 되면 정원의 품격이 확연히 떨어진다.

생울타리나 목재 등의 자연스러운 소재를 선택할 것인지, 콘크리트, 벽돌, 블록 등 견고한 재료를 선택할 것인지, 또 형태면에서 전통성을 따를 것인지 혹은 모던한 스타일을 선택할 것인지 등 다양한 고려가 필요하다. 일부 마을에서는 울타리 높이의 제한을 두는 경우도 있으니 이 부분 또한 디자인하기 전에 반드시 검토가 필요하다.

다양한 재료를 이용한 울타리와 담장의 예

1 · 우리나라 전통 흙담
2 · 나무기둥과 와이어를 이용해 만든 울타리
3 · 유럽 시골풍 울타리
4 · 대나무를 이용해 현대적으로 해석한 울타리
5 · 게비온 담장
6 · 일본의 전통 기와 담장

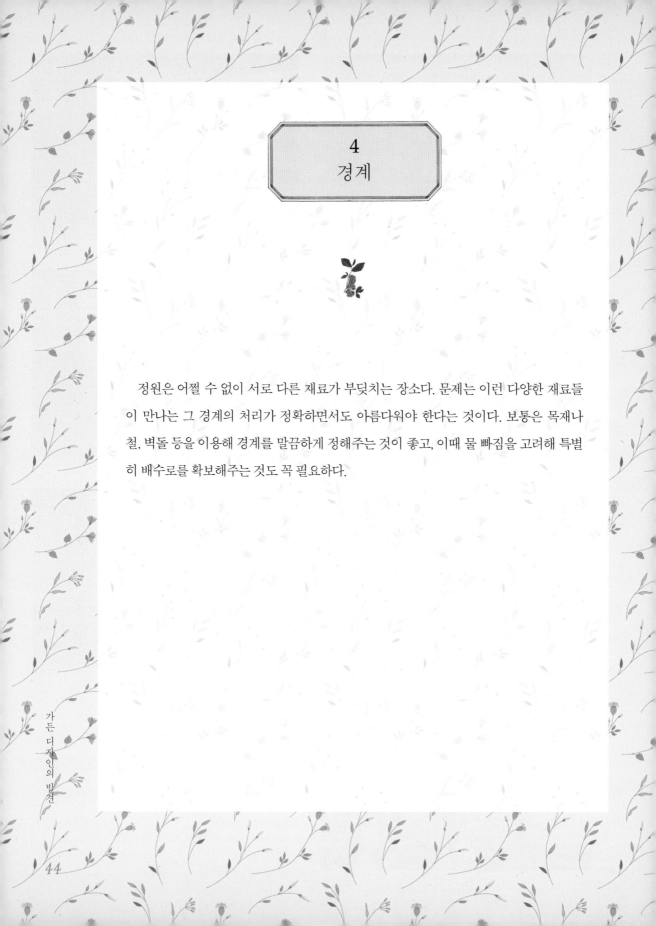

4
경계

정원은 어쩔 수 없이 서로 다른 재료가 부딪치는 장소다. 문제는 이런 다양한 재료들이 만나는 그 경계의 처리가 정확하면서도 아름다워야 한다는 것이다. 보통은 목재나 철, 벽돌 등을 이용해 경계를 말끔하게 정해주는 것이 좋고, 이때 물 빠짐을 고려해 특별히 배수로를 확보해주는 것도 꼭 필요하다.

1 · 자갈과 흙의 영역을 구별하기 위해 경계석을 설치한 모습

2 · 데크와 식물을 심을 공간을 나무로 구별한 모습

3 · 쇠를 이용해 화단을 구획한 모습

4 · 깔끔한 경계의 처리가 특징인 일본 전통 정원의 모습

5 · 화단 자체를 지면에서 띄워 올리는 형태로 디자인한 텃밭 정원의 모습

6 · 대나무로 경계를 지은 한국식 텃밭 정원

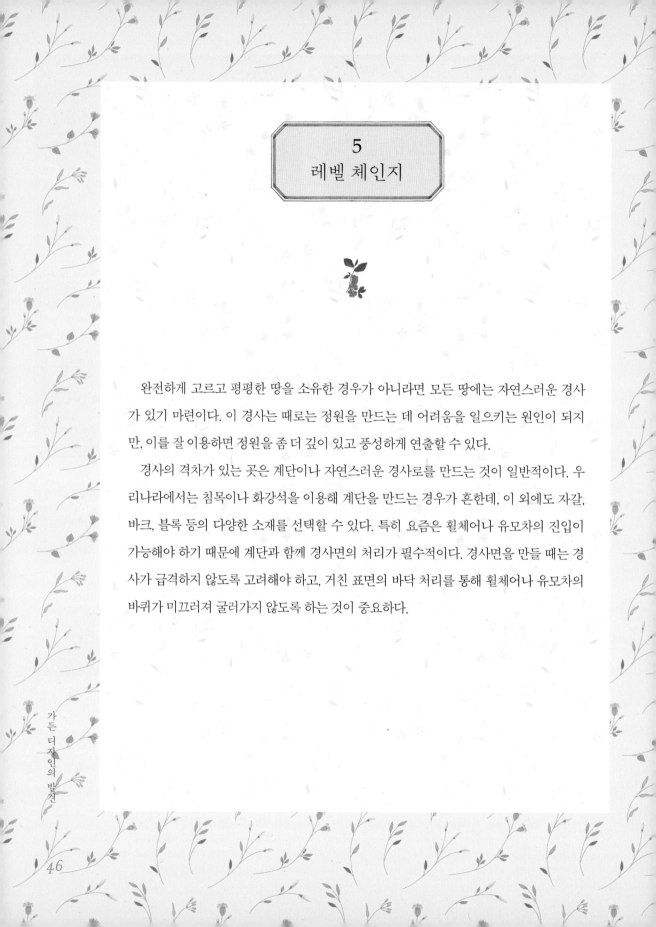

5
레벨 체인지

완전하게 고르고 평평한 땅을 소유한 경우가 아니라면 모든 땅에는 자연스러운 경사가 있기 마련이다. 이 경사는 때로는 정원을 만드는 데 어려움을 일으키는 원인이 되지만, 이를 잘 이용하면 정원을 좀 더 깊이 있고 풍성하게 연출할 수 있다.

경사의 격차가 있는 곳은 계단이나 자연스러운 경사로를 만드는 것이 일반적이다. 우리나라에서는 침목이나 화강석을 이용해 계단을 만드는 경우가 흔한데, 이 외에도 자갈, 바크, 블록 등의 다양한 소재를 선택할 수 있다. 특히 요즘은 휠체어나 유모차의 진입이 가능해야 하기 때문에 계단과 함께 경사면의 처리가 필수적이다. 경사면을 만들 때는 경사가 급격하지 않도록 고려해야 하고, 거친 표면의 바닥 처리를 통해 휠체어나 유모차의 바퀴가 미끄러져 굴러가지 않도록 하는 것이 중요하다.

1 · 구근화단 가운데로 계단이 위치해 있어 안정감을 준다. 돌로 구성된
　　계단의 형태
2 · 계단은 보통 안전을 위해 높이 150밀리미터, 폭 최소 300밀리미터 이
　　상을 확보해주어야 한다. 침목과 자갈을 이용한 계단 구성
3, 4 · 자연스러움이 강조된 한국식 정원의 돌 계단
5 · 남해 다랑이 논의 자연스러운 레벨 체인지
6 · 각을 맞추지 않는 돌 쌓기는 자연스러움이 강조되지만 간혹 안전상의
　　문제가 발생할 수 있기 때문에 시공에 각별히 주의해야 한다

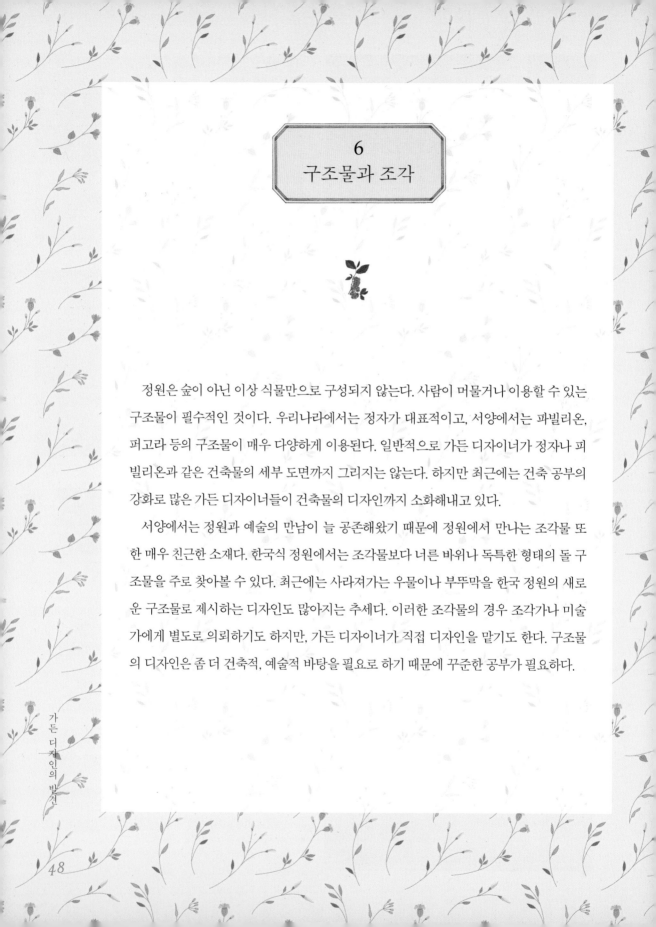

6
구조물과 조각

정원은 숲이 아닌 이상 식물만으로 구성되지 않는다. 사람이 머물거나 이용할 수 있는 구조물이 필수적인 것이다. 우리나라에서는 정자가 대표적이고, 서양에서는 파빌리온, 퍼고라 등의 구조물이 매우 다양하게 이용된다. 일반적으로 가든 디자이너가 정자나 피빌리온과 같은 건축물의 세부 도면까지 그리지는 않는다. 하지만 최근에는 건축 공부의 강화로 많은 가든 디자이너들이 건축물의 디자인까지 소화해내고 있다.

서양에서는 정원과 예술의 만남이 늘 공존해왔기 때문에 정원에서 만나는 조각물 또한 매우 친근한 소재다. 한국식 정원에서는 조각물보다 너른 바위나 독특한 형태의 돌 구조물을 주로 찾아볼 수 있다. 최근에는 사라져가는 우물이나 부뚜막을 한국 정원의 새로운 구조물로 제시하는 디자인도 많아지는 추세다. 이러한 조각물의 경우 조각가나 미술가에게 별도로 의뢰하기도 하지만, 가든 디자이너가 직접 디자인을 맡기도 한다. 구조물의 디자인은 좀 더 건축적, 예술적 바탕을 필요로 하기 때문에 꾸준한 공부가 필요하다.

1 · 벌레의 집을 겸한 조각물
2 · 철재 조각물과 토피어리의 만남. 가든 디자이너는 정원에 필요한 조각물을 선정하거나 디자인할 수 있어야 하고, 여기에 맞는 정원의 구성을 완성해야 한다
3 · 나무로 구성된 독특한 정자 디자인
4 · 우리나라 전통 양식의 우물 디자인
5 · 부뚜막도 가든 디자인의 좋은 소재가 될 수 있다. 기와, 돌, 시멘트, 벽돌 등의 재료를 이용해 얼마든지 매력적이면서 새로운 디자인이 가능하다
6 · 폐목재를 이용한 정자 디자인(Design by 오경아)

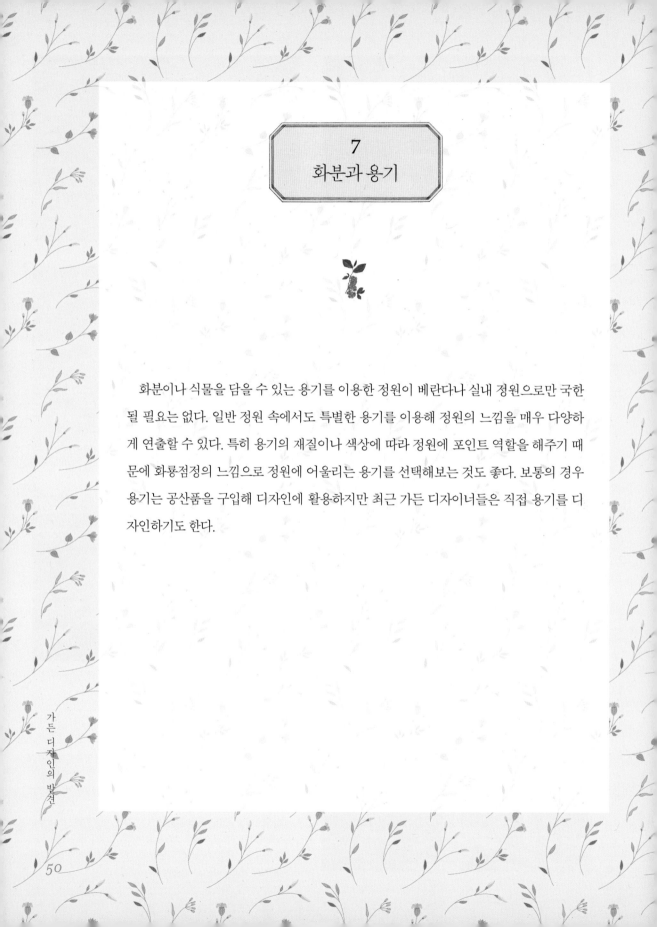

화분이나 식물을 담을 수 있는 용기를 이용한 정원이 베란다나 실내 정원으로만 국한 될 필요는 없다. 일반 정원 속에서도 특별한 용기를 이용해 정원의 느낌을 매우 다양하 게 연출할 수 있다. 특히 용기의 재질이나 색상에 따라 정원에 포인트 역할을 해주기 때 문에 화룡점정의 느낌으로 정원에 어울리는 용기를 선택해보는 것도 좋다. 보통의 경우 용기는 공산품을 구입해 디자인에 활용하지만 최근 가든 디자이너들은 직접 용기를 디 자인하기도 한다.

1 · 구조목으로 만들어진 화분. 나무의 느낌이 살아 있어 부드러움이 강조된다

2 · 낡은 벽돌로 만든 둥근 화단. 벽돌은 시간이 흐르면서 더욱 친근하게 식물과 어울리는 소재가 된다

3 · 모던하면서 차가운 느낌의 스테인리스 철 화분. 단순하면서도 세련된 느낌이 강조된다

4 · 타일을 이용해 화려한 문양으로 만들어진 화분. 잔잔한 질감의 식물보다는 선 굵고 뚜렷한 식물을 얹었을 때 효과가 극대화된다

5 · 흙으로 빚어진 테라코타 화분은 식물과 가장 잘 어울리는 소재다

6 · 쇠로 만들어진 미니 화분(Design by 오경아)

정원 안에 사람들이 앉아 즐길 수 있는 공간은 필수적이다. 이때 앉는 의자의 형태, 혹은 탁자의 모양이나 재료, 더불어 공간 안의 바닥 재질이나 구조물에 대한 연출도 매우 중요한 디자인의 요소가 된다.

벤치의 경우 전문 디자이너와 협업하여 만들거나 기성품을 구입해 사용할 수 있지만 가든 디자이너가 직접 정원에 맞게 구상하기도 한다. 정원 소품을 디자인할 때 구상은 스케치로 하되, 제작이 가능할 수 있도록 평면 또는 3D 도면으로 만들어야 하기 때문에, 전문 도면 제작자의 도움을 받기도 한다.

1 · 나무로 구성된 다이닝 테이블. 정원의 가구는 눈, 비에 견딜 수 있도록 재료의 사용에 특별히 주의 해야 한다

2 · 벤치 디자인은 기성품을 사용하는 경우도 많다. 회사별 카탈로그를 확보하고 정원에 맞는 벤치를 선정해주는 것도 가든 디자이너의 몫이다

3 · 자연스러움이 강조된 돌을 이용한 벤치 디자인

4 · 조명과 벤치가 결합된 형태. 기성품을 사용하지 않을 경우. 다양한 시도가 가능해진다

5 · 폐목재를 이용해 구상한 벤치 디자인. 오래된 멋을 내는 데는 폐목과 같은 재활용 소재를 활용하는 것이 좋다(Design by 오경아. 기흥 C씨 댁. 2012)

6 · 메탈로 디자인된 실내 정원 용기 디자인. 실내 정원의 경우는 각별히 방수의 문제에 신경을 써야 한다(Design by 오경아. 동대문디자인플라자. 2014)

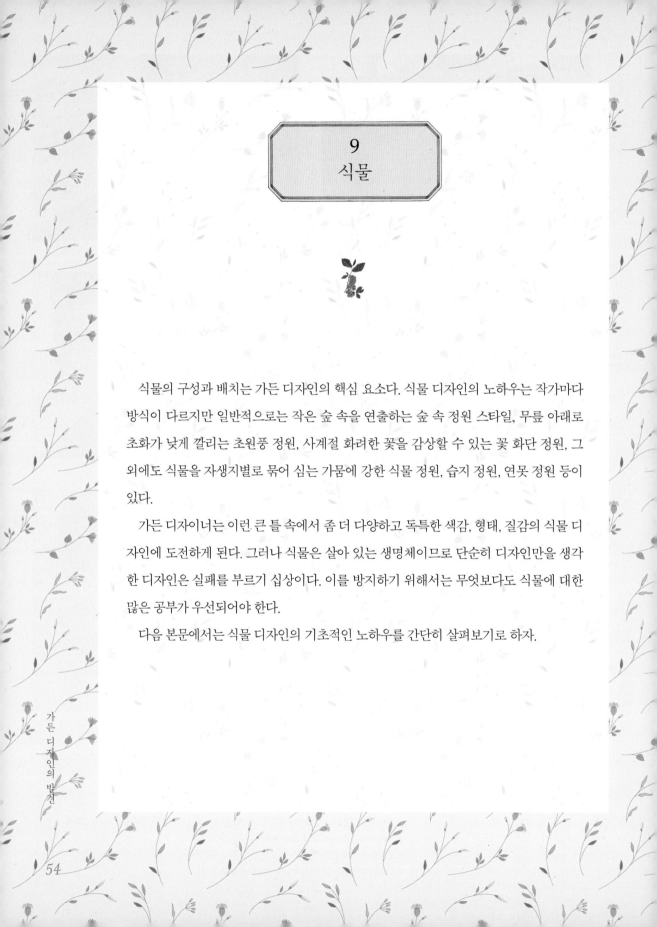

9
식물

식물의 구성과 배치는 가든 디자인의 핵심 요소다. 식물 디자인의 노하우는 작가마다 방식이 다르지만 일반적으로는 작은 숲 속을 연출하는 숲 속 정원 스타일, 무릎 아래로 초화가 낮게 깔리는 초원풍 정원, 사계절 화려한 꽃을 감상할 수 있는 꽃 화단 정원, 그 외에도 식물을 자생지별로 묶어 심는 가뭄에 강한 식물 정원, 습지 정원, 연못 정원 등이 있다.

가든 디자이너는 이런 큰 틀 속에서 좀 더 다양하고 독특한 색감, 형태, 질감의 식물 디자인에 도전하게 된다. 그러나 식물은 살아 있는 생명체이므로 단순히 디자인만을 생각한 디자인은 실패를 부르기 십상이다. 이를 방지하기 위해서는 무엇보다도 식물에 대한 많은 공부가 우선되어야 한다.

다음 본문에서는 식물 디자인의 기초적인 노하우를 간단히 살펴보기로 하자.

1 · 화려한 색을 쓰지 않고 초록의 색감으로 모던하게 연출한 식물 디자인

2 · 식물을 줄지어 세운 뒤, 선의 느낌이 아니라 면의 느낌을 강조하면 마치 터널을 연상시키는 수직의 힘이 생겨난다

3 · 파스텔톤 보랏빛의 카마시아(camassia)만으로 구성된 초원풍의 식물 디자인. 색상을 가장 중요한 식물 디자인의 요소로 사용했음을 알 수 있다

4 · 물을 좋아하는 식물로 구성된 워터 가든. 수생식물 디자인은 물속에서 생존이 가능한 식물의 종류를 먼저 파악하고, 그 식물들을 어떻게 배열하고 조화시킬지를 연구하는 것이 중요하다

5 · 화려한 색감의 꽃을 중심으로 구성된 식물 디자인

6 · 건조한 환경에 강한 식물로 구성된 자갈 정원. 식물의 습성을 고려한 디자인을 위해서는 생태학적 공부가 밑받침되어야 한다(Design by 오경아. 순천만국제정원박람회. 씨드뱅크 가든. 2014)

식물 디자인의 노하우 ✦

　과연 식물을 디자인할 수 있는 특별한 노하우가 있을까? 우선 화가들의 정물화를 한 번 떠올려볼 필요가 있다. 화병 속에 담긴 꽃, 그리고 그 주변에 늘어서 있는 컵이나 물주전자와 같은 소품들. 그런데 이 정물화는 우연히 책상에 놓인 풍경을 그린 것이 절대 아니다. 화가는 정확한 구도를 잡고, 거기에 물건 하나를 놓을 때도 각도와 색상은 물론 그 의미까지도 고려한다. 화병에 꽂힌 꽃다발도 그냥 아무것이나 섞어놓지 않는다. 어떤 화가의 그림에는 도저히 같은 계절에는 볼 수 없는 꽃들이 한꺼번에 꽂혀 있기도 한데, 그 이유 역시도 무엇인가를 보여주려 했던 화가의 의도가 숨어 있다. 가든 디자이너가 구상하는 정원 안의 식물 디자인도 마찬가지다. 어떤 의도로 디자인되었는지가 분명히 전달될수록 강한 인상을 남길 수 있다.

1 · 색으로 디자인하기

주제가 있는 색감의 연출

　식물의 잎, 줄기, 꽃이 지니고 있는 색감을 이용해 식물 디자인을 할 수 있다. 식물의 색감은 대부분 꽃을 먼저 떠올리지만 꽃이 피는 시기가 짧고 특정 기간으로 한계가 있기 때문에 식물의 잎과 줄기를 함께 이용하는 것이 좋다. 식물의 색감을 이용할 때는 단색으로 단순함을 강조할 수도 있지만, 색상을 혼합해서 사용하면 좀 더 풍성한 연출이 가능하다. 색상을 조합시킬 때는 강렬한 색상의 섞음은 뜨거운 느낌을 주고 흰색, 보라, 파랑과 같은 색감의 조합은 차가운 느낌을 전달하게 됨을 기억하자. 화가가 색감으로 그림의 느낌을 전달하듯, 가든 디자이너도 강렬함을 보여줄 것인지, 차갑고 선명한 느낌을 표현할 것인지를 고려해 식물을 선정해야 한다.

단색의 식물 디자인

　여러 색을 섞지 않고 하나의 색감으로 통일시키는 디자인은 좀 더 단정하고 세련된 느낌을 준다. 특히 검은 자줏빛을 띠는 식물로 구성된 화단은 모던한 느낌이 강하다. 단, 자

강렬한 색감의 연출 화단. 금적색의 크로커스미아(crocosmia)는 붓꽃과의 식물로 6월에서 7월 사이 꽃을 피운다.

단일 색감 디자인의 예. 여러 색을 혼합시키는 방식에 비해 단일 색감의 식물 디자인은 단순하면서 간결한 연출이 가능해진다.

연 상태에서 초록이 아닌 자줏빛의 잎사귀를 지니고 있는 식물은 그리 많지 않고 대부분이 재배종이다. 중요한 것은 이런 자줏빛 잎은 햇볕을 적게 받게 되면 부족한 광합성 작용을 채우기 위해 스스로 잎을 다시 초록색으로 바꾸기도 한다. 때문에 일조량이 충분한지에 대한 검토가 필요하다.

식물의 꽃 색감을 주제로 디자인을 구성했다면 다른 어떤 화단보다 관리가 중요하다.

색의 정원 관리 요령

1 ✦ 1년에 적어도 세 번(봄, 여름, 늦여름) 차별화된 화단 구성이 필요하다. 꽃은 피는 시기가 대부분 2주 안에 끝나기 때문에 꽃이 지고 난 후, 다음 계절을 대비할 수 있어야 한다.

2 ✦ 꽃을 이용한 화단 연출은 일년생 식물을 많이 쓰기 때문에 꽃이 지고 난 후에는 뽑아낸 뒤 다른 식물을 심어준다. 씨를 받아 다음 해를 대비하려면 다른 곳으로 자리를 옮겨 심어 씨가 여물 수 있는 시간을 벌어주는 요령이 필요하다.

3 ✦ 받아놓은 씨는 다음 해 온실에서 다시 싹을 틔워 화단으로 옮긴다(온실이 없는 경우에는 일년생 초본 식물의 경우 직접 땅에 씨를 뿌리기도 한다).

4 ✦ 꽃의 색감을 이용한 정원은 다년생과 일년생을 섞어주는 것이 보편적이다. 다년생만으로 구성한 경우에는 꽃이 피는 시기를 제외하고 나머지 계절 동안 누렇게 타들어가는 잎만 봐야 하는 단점이 있다. 또 일년생으로만 구성했을 때는 꽃은 화려하지만 매년 꽃을 갈아 심어줘야 하는 불편함이 따른다. 때문에 다년생과 일년생의 비율을 적절히 맞춰 사계절을 즐길 수 있는 화단으로 구성하는 것이 좋다.

2 · 형태로 디자인하기

나무의 자연스러운 형태 활용하기

식물은 저마다 타고난 형태대로 자란다. 큰 나무의 경우는 이 형태의 자연스러움을 살려 디자인에 활용할 수 있는데 아름드리 팽나무, 느티나무, 은행나무, 회화나무, 시더나무 등을 사용하는 것이 효과적이다. 수형이 좋고 키가 큰 나무는 한 그루만 심어도 정원의 중심 역할과 포인트 역할을 해주기에 충분하다. 단, 작은 정원이라면 큰 나무의 사용은 신중해야 한다. 정원 전체에 그늘을 드리울 수 있어 장점보다는 단점이 더 많이 발생하기 때문이다.

1 · 담장 대신 주목나무를 구조적 형태로 활용해 생울타리를 감싼 뒤, 흰색 꽃을 피우는 목본, 초본식물을 구성해 식물 디자인을 극대화시킨 예. (영국. 히드코트매너 정원)
2 · 칼처럼 길죽하게 쭉쭉 뻗어나가는 잎을 지닌 식물은 수직의 힘을 강하게 보여준다. 수평으로 번져 있는 땅을 덮어주는 식물 위에 심어주면 수평 바탕 위에 수직으로의 연출이 가능해 좀 더 풍성한 디자인이 가능하다.
3 · 덩굴식물의 경우는 지지대를 어떻게 구성해주는가에 따라 다양한 연출이 가능하다. (프랑스. 지베르니 정원)

식물을 구조적 형태로 디자인한 예로 첩첩의 벽체를 연상시킨다.
식물을 원래의 타고난 형태로 기르는 것과는 매우 다른 디자인적 효과를 볼 수 있다.

흰색과 분홍색을 지니고 있는 펜스테몬(Penstemon). 꽃이 작
고 그 색감도 파스텔톤이 많아, 한꺼번에 무리지어 심으면 잔잔
하면서도 고운 모래와 같은 질감을 느낄 수 있다. 이런 질감의
표현을 영어로는 흔히 'fine texture(고운 질감)'라고 한다.

나무를 구조적 용도로 사용하기

주목나무(Taxus baccata), 회양목(Bu-
xus semperrirens), 측백나무(Thuja) 등
은 가지나 잎이 가위에 잘려 나가면 더
욱 많은 눈을 틔워 잎을 보강하는 특징
이 있다. 이 점을 잘 이용하면 자유자재
로 나무의 모양 잡기가 용이해진다. 담
장의 역할을 하도록 길러낼 수도 있고,
방음벽이나 방풍 역할, 또 공간을 가르
고 만들어내는 효과도 연출 가능하다. 이로써 딱
딱한 재료의 사용을 가급적 줄일 수 있기 때문에
미관상 보기 좋고, 시공비를 절감할 수 있는 방법이 되기도 한다. 단 식물을 이렇게
구조적 용도로 써야 할 때는 정기적인 가치지기와 관리가 필수적임을 잊지 말아야 한다.

3 · 질감으로 디자인하기

식물의 잎과 줄기는 특별한 질감을 지니고 있다. 그렇다면 질감이라는 것은 어떤 것일
까? 옷감을 예로 들면 쉬울 듯하다. 삼베라는 옷감이 있고, 면이 있다. 삼베는 듬성거리
면서 거칠다는 느낌이 들 테고, 면은 촘촘하면서 가늘고 곱다고 느껴질 것이다. 이 질감
의 느낌을 식물에도 그대로 적용해보자. 예를 들면 잎과 줄기가 가늘면서도 고운 질감이
있는가 하면, 크고 거칠고 굵은 질감을 지닌 식물도 있다. 이 질감의 차이를 식물 디자인
에 응용하면 정원의 느낌이 확연하게 달라진다.

곱다, 거칠다의 질감 표현

꽃과 잎이 가늘고, 작고, 하늘거리게 구성되는 식물은 질감이 매우 곱게 표현된다. 이
런 식물군을 모아놓으면 마치 고운 체에 걸러 밀가루를 내려놓은 것처럼 화단의 모습이
잔잔하고 단정하다. 반면 잎과 꽃이 굵고, 크고, 뾰족한 식물을 모아 심게 되면 화단이 거

식물을 질감으로 연출할 경우 좀 더 세련되고 깊은 맛을 느낄 수 있다.
가늘고, 작고, 곱게 표현된 식물 디자인의 예(위). 거칠고, 크고, 굵게 표현된 식물 디자인의 예(아래).

칠고 강렬해지는 효과가 나타난다. 식물을 질감으로 구성하는 방법은 색채나 형태의 이용보다 훨씬 감각적이면서 고급스러운 느낌이 강조되기 때문에 식물 디자인을 완성하는 데 매우 중요하다.

4 · 수직과 수평의 조화(균형)

모든 식물의 중요한 특징 중 하나는 땅에서 시작된 뒤, 수직으로 상승하는 욕구를 지녔다는 점이다. 물론 일부 종의 경우는 수평으로 번지며 자라기도 하지만, 이 경우도 지지대를 세워주면 식물은 옆으로 자라나는 것을 포기하고 위로 올라가며 자라게 된다. 지금은 아주 작은 나무를 심었다고 해도 훗날 다 컸을 때 나무의 키가 어디에 이르게 될지, 큰 나무 밑에는 어떤 식물을 심을 수 있는지 등에 대한 종합적인 판단이 필요하다.

5 · 두터운 겹 만들기

일반적으로 풍성하게 보이는 정원과 뭔가 비어 있는 듯 허전해 보이는 디자인의 차이는 겹의 구성과 밀접한 관계가 있다. 예를 들어 초본식물 화단을 구성할 때, 뒷배경에 대한 고려 없이 화단 자체만 생각한다면 아무리 아름답고 화려한 초본식물이 가득해도 뭔가 허전해 보일 수 있다. 이럴 때 초본식물의 뒷배경을 주목나무나 측백나무 생울타리로 구성해주면 초록의 바탕 위에 화려한 꽃색감의 대비가 일어나며 색상과 형태면에서 좀 더 짜임새를 갖게 된다. 여기에 그치지 않고 생울타리 건너편으로 키가 큰 목본식물이 포인트 역할을 해주며 겹쳐져 있다면 더욱 단단한 겹이 생겨난다. 이러한 두꺼운 식물의 겹이 더한층 단단하고 꽉 들어찬 식물 디자인의 묘미를 만들어낸다.

내가 꿈꾸는 정원은?

지금까지 살펴본 것처럼 식물 디자인의 영역은 복합적인 미술 영역이다. 수직과 수평의 구도를 이해할 수 있어야 하고 색과 질감의 감각을 길러야 한다. 하지만 여기에 하나가 더해져야 완벽한 완성이 되는데 바로 '시간'이다. 시간이 흐르면 다소 어색하고 부족했던 우리의 가든 디자인을 식물 스스로 메우고 다듬어 완성시켜주는 것이다.

가든 디자인의 영역은 건축과 인테리어 분야와 다루는 재료에 있어 유사점이 매우 많다. 하지만 근본적으로 다른 점은 바로 살아 있는 생명체 '식물'에 대한 부분이다. 모든 생명체는 각자의 의지로, 그들만의 방식으로 삶을 살아간다. 식물 역시도 생명체로서 자신의 삶을 살기 때문에 정원사가 아무리 애써도 식물 스스로 주어진 환경을 이겨내지 못하는 경우가 많다. 그러나 그렇기 때문에 좀 더 사랑 가득한 마음으로 식물을 이해하려는 노력과 공부가 필요하고, 또 바로 이 점이 정원이라는 세계로 사람들을 빠져들게 하는 요인이기도 하다. 좋은 가든 디자인의 답은 늘 나로부터 시작된다. 나를 행복하게 하는 정원은 어떤 모습일까를 떠올려보고, 그 답을 찾기 위해 애를 쓰다 보면 결국 내가 꿈꾸던 정원이 완성될 것이다.

이제 본격적으로 가든 디자이너들이 그들만의 방법으로 꿈꿔온 가든 디자인의 세계를 살펴볼 것이다. 이미 만들어진 훌륭한 선행 사례들에서 많은 힌트와 영감을 얻으며 조금씩 마음을 열어보길 바란다. 나는 어떤 정원을 꿈꾸고 있는가? 가슴 설레고, 입가에 미소가 지어지는 그 상상으로부터 정원의 꿈이 시작된다는 것을 기억하면서……

◇◇◇◇◇◇◇◇◇◇◇◇

가든 디자인의 진수를
볼 수 있는 열 곳의 정원

◇◇◇◇◇◇◇◇◇◇◇◇◇

2부

문화와 역사에서 원리와 실제까지,
유럽 가든 디자인 바로 알기

• 영국식 풍경 정원과 아트앤드크래프트 정원을 중심으로 •

영국 옥스퍼드셔에 위치한 개인 정원으로 윌리엄 켄트에 의해 디자인되었다. 1630년대 로버트 도머 경이
저택을 사들여 당시 유행하던 풍경 정원을 찰스 브리지맨에게 의뢰했으나, 그가 돌연 사망하자 다시 정원
의 디자인을 윌리엄 켄트에 맡겨 최종 완성되었다.

1

"미로 속에서 자유와 낭만을 찾다"
풍경 정원의 진수

러우샴 정원 디자인
Rousham Garden

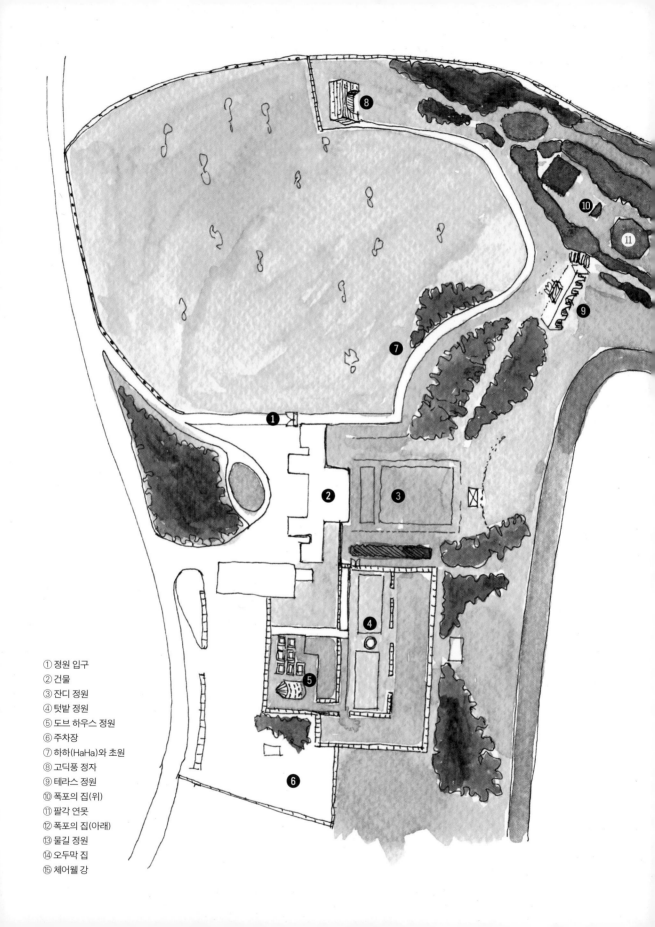

① 정원 입구
② 건물
③ 잔디 정원
④ 텃밭 정원
⑤ 도브 하우스 정원
⑥ 주차장
⑦ 하하(HaHa)와 초원
⑧ 고딕풍 정자
⑨ 테라스 정원
⑩ 폭포의 집(위)
⑪ 팔각 연못
⑫ 폭포의 집(아래)
⑬ 물길 정원
⑭ 오두막 집
⑮ 체어웰 강

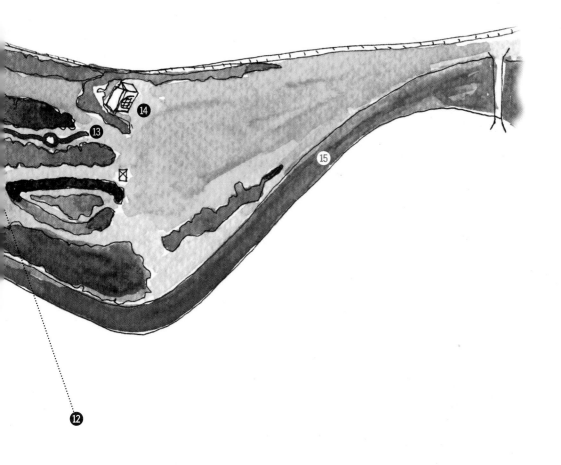

러우샴 정원 (18세기)

디자이너: 윌리엄 켄트, 찰스 브리지맨
정원타입: 영국식 풍경 정원

· 강가 옆 언덕의 경사를 이용한 물의 정원과 숨기고 드러내는 가든 디자인의
  기법이 탁월.
· 빛을 가두고 여는 명암 디자인 도입.
· 그리스 로마 신화를 배경으로 한 조각물과 라틴어 시로 로맨틱 분위기 연출.
· 가려진 듯 그러나 강렬한 두 개의 연이은 폭포의 집 디자인이 압권.
· 물길을 정원의 요소로 끌어들여 동선과 함께 소리를 디자인.
· 옥상 정원을 연출한 테라스 정원의 반전 디자인.

윌리엄 켄트 Willam Kent(1685~1748)

18세기 영국식 풍경 정원의 독보적 디자이너이자 가구 디자이너로 영국의 치스윅(Chiswick House), 스토우(Stowe House) 등의 정원과 여타의 실내 인테리어 가구를 디자인했다. 절대적 균형을 특징으로 하는 팔라디안 스타일(Palladian style) 건축을 영국에 도입한 장본인이지만, 그가 디자인하는 정원의 모습은 지극히 자연스러우면서 낭만적인 분위기를 지닌다. 특히 위로 울타리를 만드는 것이 아니라 아래로 도랑을 파서 경계를 만드는 '하하(HaHa)'라는 중세 건축 기법을 활용해 시선을 가로막지 않고 인근 경치를 바라볼 수 있게 하는 디자인 기법을 사용했다. 다른 풍경 정원의 디자이너로는 랜슬럿 브라운(Lancelot Brown, 1715~1783), 험프리 렙턴(Humphry Repton, 1752~1818) 등이 있다.

찰스 브리지맨 Charles Bridgeman(1690~1738)

영국의 가든 디자이너 윌리엄 켄트와 랜슬럿 브라운의 스승과도 같은 사람이다. 풍경 정원(Lanscape Garden)이 정착되지 않았던 시기, 17세기 바로크 정원의 기하학적, 정형적, 패턴 정원 양식에 자유로운 풍경 정원 양식을 도입해 디자인적 '전환'을 시도한 사람으로 평가된다.

풍경 정원의 탄생과 윌리엄 켄트의 러우샴 정원

영국식 풍경 정원을 흔히 '픽처레스크 정원(picturesque garden)'이라는 말로도 표현한다. 여기에는 '그림처럼 아름다운 정원'이라는 의미도 있지만, 더 정확하게는 '그림을 도면으로 사용해 조성한 정원'이라는 뜻이 담겨 있다.

17세기 이탈리아에서는 서양 회화에 한 획을 긋는 새로운 풍의 그림이 나타났는데, 바로 풍경화의 등장이었다. 자연의 경치를 그리는 일이 지금은 매우 흔하고 당연해 보이지만, 유럽 회화의 역사를 살펴보면 신의 세계를 그린 종교화에서 벗어나 자연의 풍경을 주제 삼은 그림이 나타난 것은 획기적이면서도 혁명적인 일이었다. 러우샴 정원의 디자이너였던 윌리엄 켄트도 이탈리아 출신의 화가 살바토르 로사(Salvator Rosa, 1615~1673)와 프랑스 출신으로 로마에서 활동했던 클로드 로랭(Claude Lorrain, 1600~1682), 니콜라 푸생(Nicolas Poussin, 1594~1665)의 풍경화를 아주 좋아했다. 이들 풍경화가들은 자연의 풍경을 그리기는 했지만 있는 그대로가 아니라 좀 더 낭만적이면서도 목가적 느낌을 살리기 위해 고대 그리스 로마의 유적이나 무너진 신전 등의 건축물

윌리엄 켄트의 러우샴 정원에서 바라본 목초지의 모습. 윌리엄 켄트는 지면보다 낮게 도랑을 파는 형식으로 숨겨진 울타리(HaHa, 하하)를 사용함으로써 경계를 두되 시야를 가리지 않는 새로운 가든 디자인을 시도했다.

을 가상으로 화폭에 그려넣기를 즐겼다.

월리엄 켄트는 이탈리아에서 돌아온 뒤, 회화에만 머물지 않고 건축가로 활동하면서 이때부터 러우샴 정원의 조성에까지 손을 대기 시작했다. 월리엄은 풍경화가의 그림을 건물까지 포함해 그대로 정원 조성의 기초 도면으로 사용했고, 이것이 영국식 풍경 정원, 좀 더 정확하게 표현하자면 영국식 풍경화 정원이 만들어지는 시초가 됐다.

살바토르 로사의 풍경화 〈저녁 무렵의 풍경(Evening Landscape)〉. 17세기의 작품이다. 영국식 풍경 정원은 18세기 영국에서 나타난 가든 디자인의 한 형태로, 풍경화 그대로를 정원 도면으로 활용한 것이 특징이다. 그래서 붙여진 이름이 '픽처레스크 정원' 즉 '풍경화 정원'이다.

자유와 낭만의 정원

영국식 풍경 정원의 디자인 콘셉트는 '자유와 낭만'이다. 이러한 특성은 아이러니하게도 당대의 사회 분위기와는 정반대의 것임에 주목하자. 17세기 바로크 양식이 유행했던 때는 유럽의 절대왕정 시기로, 모든 것이 왕권에 의해 통제되고 조절되는 상황이었다. 그 권력의 힘이 얼마나 컸으면 프랑스의 루이 14세를 일컬어 '태양왕'이라는 별칭으로 불렀을 정도다. 이런 상황에서 가든 디자인 또한 당시의 사회상을 그대로 반영했다. 모든 것이 대칭으로 정확하게 균형을 잡았고, 심지어 정원에서 자라는 식물조차도 '자연스럽게 그 습성대로'가 아니라 인간에 의해 각이 잡히고, 통제되는 형태로 키워졌다. 이를 대표하는 정원이 바로 루이 14세가 당대 최고의 가든 디자이너였던 앙드레 르 노트르(Andre Le Notre, 1613~1700)에게 의뢰하여 만들어진 베르사유 궁전의 정원이다.

왜 영국에서 시작되었는가?

학자들은 절대왕정에 대한 반항이 하필이면 정원에서, 그것도 왜 영국에서 일어났을까 하는 물음에 대한 해답을 당시 영국의 사회상에서 찾는다. 우선 영국은 오랜 기간 동안 프랑스와 경쟁적 관계를 유지해왔고, 당시 커질 대로 커진 프랑스의 힘에 지쳐 있던

프랑스 베르사유 궁전의 정원을 모방한 영국 햄프턴 코트 궁전(Hampton Court Palace) 앞의 프레비 가든. 17세기의 유럽은 완벽한 대칭과 통제 및 조절에 의해 조성되는 정원이 유행이었다. 풍경 정원은 이런 바로크 정원의 절대 감각에 대한 반박과 저항으로부터 시작됐다는 주장을 하는 학자도 많다.

영국식 풍경 정원 중 하나인 페인스힐(Painshill landscape garden)의 모습. 17세기 바로크 시대의 정원은 18세기에 이르면서 영국에서 파격적인 변화를 맞게 된다. 서양 정원에서 직선이 아닌 구불거리는 동선이 주체로 나타난 시기도 바로 이때부터다

상황이었다. 그리고 당시 영국에서 새롭게 부상하고 있던 신흥중산층(은행, 상업, 제조업의 경영자들)에게는 기존의 귀족들과 차별화된 상징이 필요했는데, 이것이 바로 자유로움과 지적 우위였다. 귀족보다 더 많은 공부를 했다는 상징으로 이들은 서양 문화의 원천인 고대 그리스 로마 시대의 건축에 대한 재현과 문학적 지식을 앞세웠고, 이것이 정원에도 그대로 반영된다.

더불어 농사짓기 힘든 기후를 지닌 영국에서는 양을 키우는 일이 농가의 유일한 수입원이었는데, 이 때문에 녹초지가 상대적으로 어느 나라보다 많았다는 점도 너른 초원을 연상시키는 영국식 풍경 정원의 탄생에 디자인적으로 일조를 했다고 볼 수 있다.

결론적으로 앙드레 르 노트르의 가든 디자인과 윌리엄 켄트의 가든 디자인을 비교하면 불과 50년도 안 되는 시간 동안 얼마나 큰 변화가 유럽에 불어닥쳤는지를 충분히 짐작할 수 있다.

러우샴 정원에서 배우는
가든 디자인 원리

러우샴 정원은 찰스 브리지맨에 의해 전체 디자인이 이미 완성되어 있었다. 찰스 브리지맨은 17세기 바로크 정원의 정형성을 어느 정도는 살려두면서 여기에 이제 막 움트고 있는 자유로운 풍경 정원의 양식을 도입하는 절충안을 제시한 것이다. 그러나 정원의 시공을 하려는 즈음, 연로한 찰스 브리지맨이 세상을 뜨게 되고, 정원의 주인인 로버트 도머 경은 다시 윌리엄 켄트를 불러들여 정원의 완성을 부탁한다.

이 과정에서 윌리엄 켄트는 찰스 브리지맨의 디자인을 상당부분 수정해 17세기 바로크 스타일을 거의 제거하고 풍경 정원의 진수를 잘 보여줄 수 있도록 재구성했다. 안타깝게도 찰스 브리지맨의 디자인 도면은 현재 남아 있지 않아 윌리엄 켄트가 어느 정도까지 스승인 브리지맨의 디자인을 러우샴 정원에 남겨두었는지는 알 길이 없다. 다만 윌리엄 켄트에 의해 디자인이 전면 수정되었지만 브리지맨으로부터 배운 디자인 기법을 좀 더 업그레이드시켰다는 점에 대해서는 의심의 여지가 없기 때문에, 러우샴 정원에는 브리지맨의 흔적도 분명 남아 있다고 볼 수 있다.

디자인 원리 1 | 울타리를 걷어라

윌리엄 켄트의 영국식 풍경 정원의 가장 큰 특징은 그가 표현한 것처럼 "울타리를 걷어라(Leap the fence)"에 있다. 이것은 울타리가 있되 숨겨져 있는 울타리를 사용하는 디자인 원리로, 윌리엄 켄트는 가든 디자인에 이 개념을 최초로 도입한 사람으로 유명하다.

숨겨져 있는 울타리는 일명 '하하(HaHa)'라고 불리는데, 이는 유럽과 중국의 농경지에서 역사적으로 흔히 사용해왔던 눈에 보이지 않는 '가라앉아 있는 울타리'의 개념이다. 윌리엄 켄트가 직접 생각해낸 독창적 아이디어는 아니지만, 이 개념을 농경지에서 정원으로 옮겨와 가든 디자인에 최초로 도입한 점은 높이 살 만하다.

지표면 아래 1미터 정도의 깊이로 땅을 파서 일종의 도랑을 만드는 하하와 같은 지하로 숨겨진 울타리를 사용할 경우, 지상으로 솟은 울타리가 시야를 가리는 것과 달리, 정원을 벗어나 양과 말이 풀을 뜯고 있는 목초지로까지 시야가 넓어지기 때문에, 정원의 면적을 훨씬 더 크게 보이게 하는 효과를 낼 수 있다. 윌리엄 켄트는 이 점을 활용해 정원의 시각적 효과를 극대화시키는 가든 디자인을 선보였다.

윌리엄 켄트가 가든 디자인에 시도한 지면 아래로 파내려간 울타리(Sunken fence) 하하(HaHa)의 모습. 지상으로 올라서지 않고 지면 아래에 숨겨진 울타리는 목초지의 동물들이 정원으로 들어오는 것을 막으면서도 시야를 가리지 않아 정원이 확장되는 효과를 가져온다.

디자인 원리 2 | 빛을 디자인하라

윌리엄 켄트의 가든 디자인 가운데 또 하나의 백미는 명암의 디자인이다. 러우샴 정원에는 하늘을 가릴 정도로 캐노피가 큰 식물을 그룹으로 식재해 터널 효과를 연출한 곳이 많다. 그리고 이 터널의 끝에는 반드시 조각물 등으로 시선을 잡을 수 있는 포인트를 주었다.

가든 디자인에서 터널 효과란 잎이 크고 키가 큰 나무를 심어 조성하고, 그 밖으로는 키가 낮은 관목을 심어 마치 터널 같은 어둠 속에서 터널 밖을 극대화시켜 보게 하는 기법이다. 러우샴 정원을 걷다 보면 윌리엄 켄트가 치밀한 계산하에 만들어놓은 이 빛과 어둠의 교차를 여러 차례 경험하게 된다. 이렇게 빛을 디자인하는 것은 신비한 분위기

윌리엄 켄트의 초기 작품이자 현재까지 그 형태가 온전히 남아 있는 러우샴 정원을 살펴보면, 그가 공간을 막고 틔우고 때로는 숨기면서 정원 자체를 신비스럽게 디자인하고 있음을 알 수 있다.

를 만들어내는 데 일등공신이다. 러우샴 정원이 더없이 신비롭게 느껴지는 것은 빛을 조절함으로써 명암의 대비를 가져온 디자인 덕이기도 하다.

디자인 원리 3 미로 속에서 자유를 찾다

영국식 풍경 정원은 일종의 산책을 위한 정원(stroll garden)이다. 산책 정원은 다른 유형의 정원보다 큰 면적에 조성되기 때문에 정원 한 바퀴를 도는 데도 몇 시간이 소요될 수 있다. 이런 관점에서 봤을 때 윌리엄 켄트의 러우샴 정원은 그 면적이 매우 작다. 영국에 남아 있는 풍경 정원 중에 가장 작은 규모일 정도다. 그런데 재미있는 것은 이 작은 정원에서 종종 길을 잃는다는 점이다. 윌리엄 켄트는 관람을 위한 하나의 동선으로 길을 내는 것이 아니라, 가두는 폐쇄적 공간과 펼쳐놓는 개방된 공간을 섞으면서 그 사이에 크기가 작은 많은 길을 내두었다. 때문에 관람자들이 어떤 길을 선택하느냐에 따라 보게 되는 풍경과 도달하는 위치가 달라

윌리엄 켄트는 하나의 의도적인 동선이 아니라 여러 갈래의 길을 연출해 정원을 산책하는 사람이 길을 잃도록 만들었다. 이런 갈림길의 조성은 미로 속을 헤매는 듯 싶으면서도 좁은 정원을 보다 풍요롭게 감상할 수 있는 포인트가 된다.

윌리엄 켄트는 키가 크면서 우거진 나무를 군식시켜 일종의 디자인적 터널 효과를 정원 여기저기에 만들어냈다.
그리고 어두운 나무그늘 터널 끝에는 빛이 강하게 들어올 수 있도록 공간을 비워두어 명암 대비의 극대화를 노렸다.

진다. 이 방법이 작은 정원이지만 미로 속을 헤매는 것처럼 정원의 크기를 극대화시키며, 정원에 갇혀 있지 않고 오히려 정원을 자유롭게 만든다.

러우샴 정원 폭포의 집 박공지붕에 걸려 있는 로마 시인의 라틴어 시. 윌리엄 켄트의 인생에서 가장 큰 영향을 끼친 것은 20대 청년 시절에 경험한 로마와 피렌체 방문, 곧 이탈리아 여행이었다. 그는 이 여행을 통해 고대 그리스 로마의 철학과 문학, 예술에 흠뻑 빠졌고, 훗날 영국으로 돌아와 건축과 가든 디자인을 구상할 때에도 그리스 로마의 추억을 상기시키는 요소를 많이 적용했다.

디자인 원리 4 읽는 정원의 디자인

러우샴 정원에는 윌리엄 켄트가 숨겨놓은 많은 이야기가 흐른다. 정원 구석구석에서 뜻밖에 등장하는 조각물들은 모두 그리스 로마 신화에 기초를 두고 있다. 더불어 고대 로마 시인들의 시구절을 곳곳에 새겨두어 정원 자체를 보는 것만이 아니라 읽고 느끼게 해준다. 왜 그 자리에 이 시가 있었을까, 그 이유를 찾다 보면 자연스럽게 윌리엄 켄트가 이 정원에서 말하고자 했던 서정성을 느낄 수 있다. 특히 이런 기법은 정원을 단순히 보는 차원에서 벗어나 인문학적으로 읽고 감상할 수 있게 한다.

디자인 원리 5 숨기고 드러나고, 숨바꼭질 같은 디자인

어둠과 빛의 양극을 오가며, 때로는 길을 잃을 듯 다시 제자리를 잡으며 걸어오던 정원은 두 개의 폭포에 이르러 드디어 절정에 이른다. 이 폭포의 진수는 위에서 봤을 때는 평범한 잔디밭이지만, 아래에서 위를 올려다보면 두 개의 폭포가 있다는 것을 알게 된다는 데 있다. 윌리엄 켄트는 마치 이 정원을 걷는 사람과 술래잡기라도 하듯이 디자인을 숨겨둔 뒤 뜻밖의 장면에서 발견하도록 하는 기법을 사용했다. 이런 디자인은 정원을 지루하지 않게 만들면서 뜻밖의 만남이라는 신선한 충격을 준다.

러우샴 정원의 쌍둥이 폭포의 집은 아래에서 위를 올려다보면 집의 형태가 그대로 보이지만, 위에서 아래를 볼 때는 잔디만 보여 폭포의 집을 가늠하기 어렵다. 폭포의 집 위에는 계곡에서 내려오는 물을 담아두는 연못이 있는데, 물은 이 연못의 이 첫 번째 폭포를 통해 흘러내려온 뒤 다시 땅속에 묻어둔 관을 통해 숨었다가 두 번째 폭포의 집에서 다시 노출되도록 설계되었다. 윌리엄 켄트는 물길마저도 숨겼다가 다시 펼쳐보이는 방식으로 정원을 매우 드라마틱하게 만들었다.

계곡에서 흘러내린 물은 작은 수로를 통해 정원을 질러간다. 켄트는 물이 흐르는 도랑 자체를 좁히거나 넓혀 물소리를 만들어내는 데 집중했다고 전해진다. 좁히고 넓히는 디자인을 통해 물이 흘러가는 소리, 멈추었을 때의 고요함 등 청각적인 부분까지도 고려한 것이다.

디자인 원리 6 강약의 리듬이 흐른다

눈치가 빠른 사람이라면 윌리엄 켄트의 가든 디자인에는 음악 연주를 듣는 것처럼 강약의 리듬이 살아 있다는 것을 발견하게 된다. 담겨져 있는 듯 너르게 펼쳐진 연못이 등장하지만 이내 이 연못의 물은 좁은 개울로 빠져들며 졸졸 소리내어 흐르고, 그러다 문득 이어지는 연못에 다시 물이 담기며 조용해진다. 그리고 또다시 작은 개울로 빠져

러우샴 정원은 높낮이가 뚜렷한 정원으로, 가장 낮은 곳이 강(개울)과 닿아 있다. 윌리엄 켄트는 가든 디자인 작업에 앞서 수없이 정원을 거닐며 지면의 높낮이를 계산했고, 이를 바탕으로 파빌리온의 위치를 선정했다. 높은 곳에 위치한 파빌리온 안에서 바라본 정원의 경치. 흐르는 강 옆으로 켄트가 만들어놓은 오솔길이 보인다.

나가는 물은 폭포의 집과 만난 뒤 정원 끝에 위치한 강으로 합류하며 여정을 끝낸다. 이러한 디자인적 장치를 통해 윌리엄 켄트는 마치 음악가가 리듬을 가지고 놀 듯 특유의 리듬감을 발휘하여 굵고 가늘게, 막고 트고, 밝고 어둡게, 러우샴 정원의 분위기를 더한층 풍요롭게 구성하고 있다.

디자인 원리 7 지형을 이용한 높낮이 디자인

윌리엄 켄트의 디자인은 정원의 경사를 그대로 활용하는 것에서 뚜렷해진다. 켄트는 러우샴 정원을 만들기 위해 수개월 동안 정원의 땅을 관찰했다고 전해진다. 이렇듯 땅에 대한 제대로 된 관찰과 이해야말로 땅이 지닌 경사를 활용해 뒤에서는 보이지 않지만 앞에서는 보이는 건축물을 만든다거나, 내려다보는 경치, 올려다보는 경치를 만들어내는 등 탁월한 디자인을 가능하게 한다는 것을 짐작할 수 있다.

'지친 병사'라는 이름이 붙어 있는 조각물. 이 조각물이 놓여 있는 곳은 파빌리온의 지붕이다. 윗길에서는 단순하게 조각물을 감상하며 지나치게 되지만 아랫길로 내려서면 윌리엄 켄트가 수십 번씩 위치를 옮기며 신중하게 지었다고 전해지는 파빌리온의 본 모습을 볼 수 있다.

인문학적 고찰과 세심한 관찰의 힘

윌리엄 켄트의 가든 디자인은 단순히 17세기 바로크 양식의 정원 스타일을 자유로운 풍경 정원 스타일로 바꿨다는 점으로만 평가하기에는 아쉬움이 많다. 그의 디자인에는 정원을 바라보는 인문학적 고찰과 함께 지형과 주변 환경을 면밀히 관찰한 뒤 깊이 있게 해석한 생각의 힘이 있다. 단순히 어떻게 하면 디자인적으로 눈에 띄게 보여줄까 하는 측면보다는, 이 정원에서 무엇을 느껴야 할지, 정원 속에서 우리가 찾을 수 있는 행복과 즐거움이 무엇인지를 깊게 생각하고 있음이 느껴지기 때문이다. 러우샴 정원은 도머 가문의 후손들에 의해 지금도 여전히 거의 원형에 가깝게 유지되고 있다. 이렇게 도머 가문이 러우샴 정원을 상업적으로 활용하지 않고 문화적 유산으로 잘 보존하고 있는 것에는, 바로 이러한 윌리엄 켄트의 깊은 고뇌와 노력에 대한 존경의 마음이 바탕이 되어서일 것이다.

❋ 물길 디자인

비정형적 돌보다는 시멘트나 벽돌로 마감을
해주면 물길에 모던한 느낌을 줄 수 있다. 러
우샴 정원의 물길 디자인은 팔각형의 틀을 만
들어 물을 가둔 뒤, 잘 다듬어진 돌을 이용해
반듯한 물길을 잡았다. 흘러가게 할 물의 양
에 따라 물길의 폭과 깊이를 결정하면 된다.
흐르는 물을 이용할 경우에는 그대로 흘려보

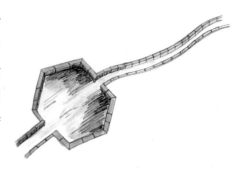

내면 되지만 인위적으로 물길을 만들 경우에는 별도의 펌프 장치를 둘 수 있는 공간과 물을
정화시키는 필터 시스템을 물길 주변 어딘가에 마련해두는 것이 필요하다.

❋ 다양한 물 디자인

물 디자인은 담아두거나, 흐르게 하거나, 솟구치게 하는 등 다양한 연출이 가능하다. 특히
경사면을 활용하면 물이 위에서 아래로 흐르는 점을 이용해 다양한 물 디자인이 가능해진
다. 수량이 풍부하지 않은 곳이라면 러우샴 정원에서처럼 물의
집을 만들어주는 것도 좋다. 동양적인 느낌의 물의
집 디자인으로는 우리나라의
우물터, 빨래터 등이 있다.

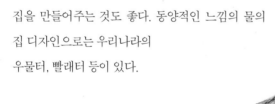

❋ 숨겨놓는 디자인

경사가 심한 곳에는 가파른 경사 부분에
계단을 만들 수밖에 없다. 이런 곳에 건물
을 지으면 뒷면이 땅에 묻히고, 위로는
옥상이 생겨난다. 방수 처리와
함께 약간의 흙이나 인공토를
깔아 식물을 심으면 옥상 정원도
가능해진다.

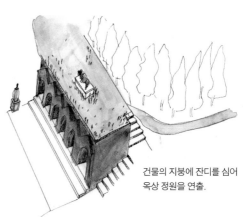

건물의 지붕에 잔디를 심어
옥상 정원을 연출.

❋ 조각물도 가든 디자인의 일부다

조각물은 정원 전체의 분위기에 포인트
를 만들어내는 데 탁월한 효과를 가져
온다. 로맨틱한 정원을 원한다면 그리스
로마 신화의 조각물이 훌륭한 장치가 될
것이다. 한국적인 느낌을 살리고 싶다면
석등이나 문인석, 돌확 등으로 전체 분
위기를 바꿔볼 수 있다.

영국 윌트셔 지방에 위치한 스타우어헤드 정원은 18세기 영국식 풍경 정원의 백미로 손꼽힌다. 1741년에 착공을 시작해 1780년에 완공된 이 정원은 당시 미학자였던 알렉산더 포프가 언급한 지형의 중요성(Genius of the place)의 영향과 17세기 바로크 풍경화가인 니콜라 푸생, 클로드 로랭 등의 영향을 많이 받아 낭만적이면서도 자유로운 분위기가 가득하다.

2

"구불거리는 선이 모든 것을 바꾸었다"
마주보기 풍경 정원의 모범

스타우어헤드 정원 디자인
Stourhead Garden

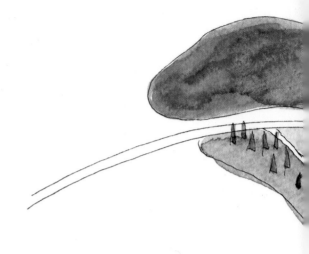

스타우어헤드 정원 (18세기)

디자이너: 헨리 호어 2세, 리처드 호어 경
정원타입: 프랑스 화가, 클로드 로랭의 풍경화를 기초로 만들어진 정원
　　　　　클라우디안(Claudian) 정원이라는 별칭으로도 불림

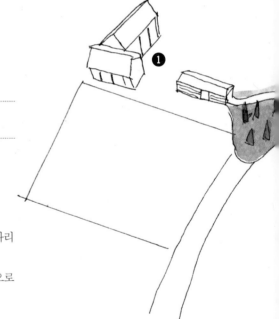

- 플로라의 신전(1745), 연못과 동굴(1748), 판테온(1754), 5개의 아치다리
  (1762), 아폴로신전(1765) 등으로 구성.
- 정원의 주인인 헨리 호어가 40년 가까운 세월 동안 직접 디자인과 시공으로
  만들어낸 정원.
- 손자에 의해 로도덴드론 컬렉션을 포함한 식물 디자인이 두텁게 구성됨.
- 후기 영국식 풍경 정원이 가장 잘 표현된 정원.
- 건물이 서로의 풍경이 되는 마주보기식 디자인 연출.
- 단순한 자연스러움만을 쫓았던 것이 아니라 그리스 로마의 추억을 불러들
  일 수 있는 건물과 조각, 다리 등의 배치로 로맨틱 분위기를 구성.
- 아폴로 신전의 정상에서 호수와 전체 정원을 한눈에 바라보는 전망 디자인
  이 압권.
- 동굴이라는 개념을 정원의 중요한 요소로 끌어들인 정원.

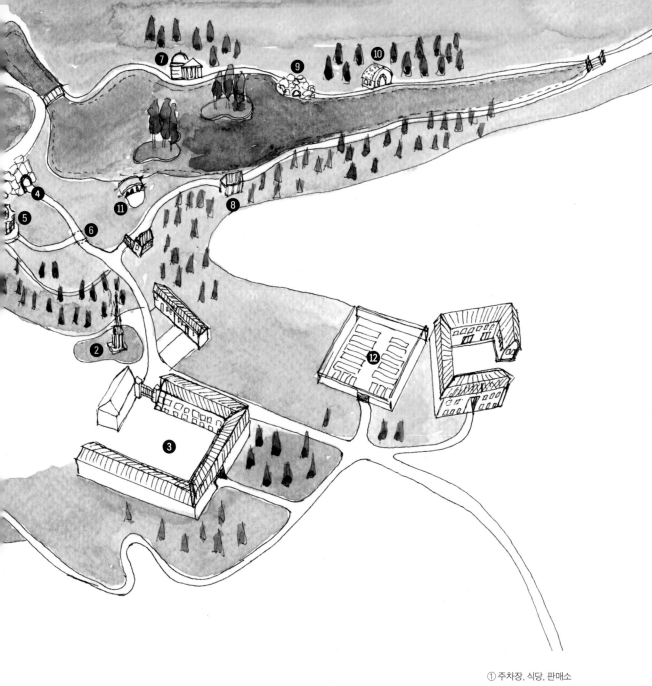

① 주차장, 식당, 판매소
② 마켓 클로스(마을의 이정표 역할을 해
　주었던 사거리 표시로 영국의 전통적인
　도시 랜드마크)
③ 상점
④ 지상 동굴
⑤ 아폴로 신전
⑥ 지하 동굴
⑦ 판테온
⑧ 플로라 신전
⑨ 동굴
⑩ 오두막집
⑪ 5개의 아치다리
⑫ 텃밭 정원

스타우어헤드 정원 속 가든 디자이너

헨리 호어 2세 Henry Hoare II(1705~1785)

은행인이자 가든 디자이너. 스타우어헤드 정원의 주인이자 디자이너, 집안의 가업인 은행을 운영했으나 가든 디자인에도
뛰어난 감각을 자랑했다. 특히 고대 로마 문화에 심취해 라틴어 시에 능통했다고 전해진다.

리처드 호어 경 Sir Richard Hoare(1648~1719)

헨리 호어 2세의 손자로 스타우어헤드 정원을 완성한 사람. 할아버지가 정원의 윤곽을 완성했다면 손자인 리처드 호어는 정원
곳곳에 로도덴드론 컬렉션 등을 포함해 식물 구성을 연출하여 오늘날의 스타우어헤드 정원을 완성시켰다.

유명 은행가 가문의 정원

호어(Hoare) 가문은 은행가 집안으로 알려져 있다. 헨리 호어 1세인 할아버지가 은행을 설립했고, 아버지를 이어 손자인 헨리 호어 2세가 가업을 이으며 호어 가문은 은행가로 명망이 대단했다. 헨리 호어 2세(이후 이 글에서는 헨리 호어로 간단히 표기한다)는 아버지로부터 집과 땅을 유산으로 물려받은 뒤, 이곳에 자신이 꿈꾸는 정원 풍경을 디자인하기 시작했다.

당시 18세기 영국은 윌리엄 켄트와 랜슬럿 브라운에 의해 알려지기 시작한 '풍경 정원(picturesque garden)' 양식이 온 나라의 가든 디자인을 바꾸는 중이었다. 그중 당시는 물론이고 수백 년이 흐른 지금도 영국식 풍경 정원의 진수를 꼽으라고 한다면, 마치 양대산맥처럼 윌리엄 켄트의 러우샴 정원과 오너 디자이너였던 헨리 호어의 스타우어헤드 정원이 있다.

그런데 중요한 것은 윌리엄 켄트가 전문 가든 디자이너였던 데 비해, 헨리 호어는 아마추어 오너 디자이너로서 그만큼 뛰어난 가든 디자인 감각을 선보였다는 사실이다.

헨리 호어가 디자인한 영국식 풍경 정원, 스타우어헤드 정원. 마치 한 폭의 풍경화를 보듯 파빌리온과 다리가 조화를 이루고 있다. 실제로 헨리 호어는 17세기 바로크 풍경화가 니콜라 푸생의 그림 수집가이기도 했고, 그중 〈아이네아스가 있는 델로스 섬의 풍경〉 그림을 정원의 밑그림으로 활용한 것으로 전해지고 있다.

다섯 개의 아치로 이루어진 다리. 다리 위는 잔디로 덮여 있다. 키이라 나이틀리 주연의 영화 〈오만과 편견〉에 등장했던 다리이기도 하다. 풍경 정원은
채우고 꾸미는 정원이 아니라 품어주고 비워두는 기법을 주로 사용한다. 비워둠을 통해 낭만적 서정성을 확보하기 때문이기도 하다.

영국 윌트셔 지방의 스타우어헤드 정원

'Stourhead'라는 지명은 '스타우어 강의 시작점'이라는 뜻이다. 이 정원에는 7개의 작은 샘물이 있는데 이곳을 기점으로 스타우어 강이 시작된다고 알려져 있다. 스타우어헤드 정원은 런던에서 차로 두 시간가량 떨어져 있는 남서쪽 윌트셔(Wiltshire)에 위치해 있다.

헨리 호어와 같은 이름의 할아버지 헨리 호어 1세는 본래 말을 중개하는 상인이었다. 큰 돈을 번 그는 말 장사를 그만두고 은행을 설립했다. 덕분에 손자 헨리는 평생 부유함을 누렸지만, 자신의 집안이 뼈대 있는 귀족 집안이 아니라 신흥부호라는 콤플렉스를 지닌 채 살았다. 이런 콤플렉스는 헨리에게 지적 욕구를 불러일으켰다. 그가 이탈리아 예술에 심취하고, 라틴어로 시와 문학을 배웠던 것도 같은 맥락에서 이해할 수 있다.

풍경을 그리다

헨리는 서른 여섯살에 아버지로부터 모든 유산을 물려받았고 거기에는 '스타우어헤드'의 집과 정원도 포함되어 있었다. 그는 자신의 것이 된 스타우어헤드를 새롭게 구상하기 위해 이탈리아로 여행을 떠났다. 이 여행의 목적에는 고대 로마의 유물을 구입해 자신의 정원에 들여놓을 계획도 포함되어 있었다. 그리고 그는 이 여행에서 운명 같은 그림, 클로드 로랭(Claude Lorrain, 1600~1682)의 풍경화 〈아이네아스가 있는 델로스 섬의 풍경(Landscape with Aeneas at Delos)〉을 만나게 된다.

정원을 만드는 데 설계도는 기본이다. 스타우어헤드의 설계 도면을 헨리 호어가 직접 그렸는지에 대해서는 정확하게 알려져 있지 않다. 그러나 클로드 로랭의 이 그림이 정원의 밑그림이 됐다는 것은 분명하다. 헨리는 이탈리아에서 돌아온 후부터 본격적으로 스타우어헤드 정원을 디자인하는 일에 몰두했다. 그가 무엇보다 중점을 둔 부분은 클로드 로랭의 그림에서처럼 자연스러운 풍경을 연출하는 법, 그리고 그 속에 그리스 로마 건축물을 조화시켜 격조를 높이는 것이었다.

클로드 로랭, 《아이네아스가 있는 델로스 섬의 풍경(Landscape with Aeneas at Delos)》1672년, 캔버스에 유채, 100×134cm, 영국 런던 내셔널갤러리 소장. 이 그림이 스타우어헤드 정원의 밑그림이 되었다고 전해진다.

스타우어헤드 정원에서 배우는
가든 디자인 원리

풍경 정원의 가장 큰 특징은 자연스러운 풍광의 연출이다. 디자인을 전문적으로 배운 적이 없는 헨리는 종이 위에 도면 그리는 대신, 수백 번 자신의 땅을 직접 걸으며 머릿속으로 디자인 계획을 세웠다. 이를 통해 그는 종종 전문 디자이너들이 놓치기 쉬운 땅의 특성을 살리는 디자인을 아주 잘 표현할 수 있었다.

땅 자체가 지니고 있는 자연스러운 높낮이와 지형적 특징은 도면에서는 쉽게 표현이 되지 않는다. 헨리는 매일 땅을 걸으며 그 특성을 정확하게 잡아내고, 이것을 이용해 정원을 좀 더 드라마틱하게 연출했다.

디자인 원리 1 | **스냅 사진을 찍듯이**

스타우어헤드에 도착하면 그곳의 직원이 지도 한 장을 건네준다. 지도 속에는 정원의 전체 평면도가 보이는데, 어느 날은 직원이 특별히 화살표까지 그려 주며 이 방향으로 정원을 돌아보라고 귀띔했다. 그 이유는 풍광의 연출 때문이었다. 정원은 걷는 동선을 따라 마치 스냅 사진을 1분 간격으로 찍듯이 계속해서 풍경이 달라짐을 알 수 있다. 걷다가 고개를 들어 보게 되는 풍경들은 저절로 만들어진 듯 보이지만, 실은 헨리 호어

스타우어헤드 정원은 걸으면서 연속으로 스냅 사진을 찍듯 풍경이 지속적으로 변화한다. 하지만 그 규모가 워낙 커서 우리 눈으로 본 광경보다 사진 속 풍경은 그 깊이가 좁고 얕다.

에 의해 연출된 한 폭의 그림이다.

　이 풍경의 연출을 위해 헨리는 수도 없이 자신의 정원을 걸으면서 눈높이를 맞췄다. 그런데 이 정원에는 약간의 문제가 있다. 이런 풍경은 인간의 눈으로만 확인될 뿐, 사진 속 파인더를 통해서는 도통 잡히질 않는다. 그래서 참으로 아이러니하게도 마치 수백 개의 스냅 사진과 같은 풍경이 연출되는 이 스타우어헤드 정원은 정작 사진을 찍으면 그 맛을 짐작할 길이 없이 맹맹해지고 만다.

디자인 원리 2 | 거울과 같은 건너편의 풍경 디자인

　헨리 호어의 스타우어헤드 정원은 영국식 풍경 정원의 또 다른 진수인 윌리엄 켄트의 러우샴 정원과 곧 잘 비교된다. 러우샴 정원이 마치 미로 속을 걷는 느낌이라면 스타우어헤드 정원은 순환되는 하나의 동선으로 절대 길을 잃을 일이 없다. 하지만 이런 특성은 어쩔 수 없이 정원 전체를 단조롭게 만든다. 이 단조로움을 피하기 위해 헨리는 마치 거울을 보는 듯한 '마주보기' 풍경 디자인을 시도했다.

　풍경의 거울 효과는 이렇다. 호수의 구불거리는 동선을 따라 걷다 보면 잠시 쉬어갈 수 있는 쉼터 건물을 만난다. 그곳 의자에 앉아서 잠시 숨을 돌리며 건너편을 바라보노라면 우리는 여지없이 작은 오두막집과 함께 또 한 폭의 그림 같은 풍경을 만나게 된다. 그런데 다시 걸어 아까 보았던 건너편의 그 풍경 속에 도착하고 나면, '아!' 하고 탄성이

서로 마주하고 있는 풍경. 호수의 건너편에서 바라보는 풍경들이 마치 거울처럼 마주하고 있다. 이 풍경들은 건너편 지점에 가서야 자신이 지나왔던 풍경을 다시 감상할 수 있도록 조성되어 있다.

쏟아진다. 좀 전 앉았던 그곳이 다시 한 폭의 그림이 되어 만나는 순간이기 때문이다. 그곳에 앉아 있을 때는 보이지 않았던 건물 전체의 윤곽이 호수, 나무들과 함께 나타나는데 결국 내가 앉아 있었던 자리가 건너편에 있는 사람의 눈에는 또 다른 한 폭의 그림으로 보였음을 알게 된다.

지극히 자연스러운 연출의 식물 디자인. 그러나 자세히 들여다보면 열대식물과 한대식물이 교묘하게 나란히 서 있음을 알 수 있다. 이국적이면서도 지극히 영국스러운 분위기를 자아내는 식물 디자인은 헨리 호어의 손자인 리처드 콜트 호어에 의해 이루어졌다.

이런 마주보기 디자인은 자칫 단조로울 수 있는 정원의 디자인을 놀라움과 함께 깊이감 있게 만들어준다. 마치 복선을 깔고 있는 이 중 의미의 소설처럼 정원에도 두 겹의 줄거움을 가져오기 때문이다.

디자인 원리 3 식물 디자인으로 화룡점정을!

헨리 호어는 사실 식물 디자인까지는 깊이 있게 접근하지 못했다. 자생종을 이용해 호숫가를 따라 자연스럽게 나무를 심는 정도였다. 하지만 대를 이어 헨리 호어의 손자, 리처드 콜트 호어(Sir Richard Colt Hoare)에 이르렀을 때 스타우어헤드 정원은 식물 디자인을 보강하면서 엄청난 깊이를 지니게 된다.

리처드 콜트 호어는 우리나라를 비롯한 일본과 중국이 자생지인 영국에서는 귀하기 힘든 철쭉과의 식물(Rhododendron)을 수집하기 시작했고, 여기에 열대성 식물군까지 포함시켜 식물의 양을 급격히 늘렸다. 그는 할아버지 헨리가 스타우어헤드를 어떻게 조성하는지를 어린 시절부터 지켜보며 커온 사람이었다. 그는 스타우어헤드의 정원을 완성하는 것은 결국 식물이 될 것이라고 판단했고, 조금은 밋밋해 보일 수 있는 가든 디자인에 식물로 화룡점정을 찍으며 지금의 스타우어헤드를 완성시켰다.

사실 스타우어헤드 정원은 마스터플랜이 헨리 호어에 의해 완성되었기 때문에 그의 역할이 가장 중요했다고 보지만, 가든 디자이너의 관점에서는 손자인 리처드 콜트 호어의 식물 디자인을 높게 평가할 수밖에 없다. 그는 단순히 식물을 수집했던 차원이 아니라, 영국에서 자라지 않는 외래종의 나무를 쓰면서도 할아버지의 기본 설계에 방해가 되지 않도록 지극히 자연스러운 식물 심기 디자인을 시도했기 때문이다. 바로 이런 감각 덕분에 스타우어헤드 정원은 이국적인 듯하면서도 지극히 영국적인 분위기를 자아낸다.

디자인 원리 4 | 구불거리는 선의 등장, 유럽 정원의 역사를 바꾸다

'구불거린다'는 것은 매우 중요한 디자인의 요소다. 스타우어헤드의 디자인은 한마디로 구불거리는 두 곳의 대형 호수를 따라 그 길을 걷는 것으로 축약할 수 있다.

당시는 중장비도 없던 시절이라 거대한 호수를 사람 손으로 한 삽씩 떠올려 만들었다. 인공으로 호수를 만들면서 단순한 직선의 길을 만드는 대신 구불거리게 한다는 것은 쉬운 일이 아니다. 그럼에도 불구하고 더 많은 시간과 노동력을 필요로 하는 이 디자인을 선택한 것은 구불거림이 주는 시선의 차단, 확장, 거리감 때문이었다. 스타우어헤드 정원은 매우 단순해 보이는 하나의 동선이지만 바로 이 구불거림에 따라 풍경이 가려지고, 모퉁이를 돌면 새로운 풍경이 나타나고, 이로 인해 거리 자체를 더 길게 늘여놓으면서 정원이 더욱 확장되어 보이도록 만들어주고 있다.

구불거리는 호수길은 영국식 풍경 정원의 가장 중요한 요소다. 직선과 기하학 문양이 아닌 자연스러운 곡선이 등장한 것은 유럽 정원 역사에 있어 풍경 정원이 첫 시작이었다.

가든 디자인도 결국 점이 모여 선을 이루고, 이 선을 붙여 면을 만드는 작업이다. 때문에 선 하나를 그을 때도 단순히 펴고 구부리는 것이 아니라, 그 안에 많은 목적과 이유가 담겨 있음을 알아야 한다. 일부 정원역사학자들은 유럽 가든 디자인에 직선과 기하학적 도형이 아닌 '구불거리는 자연스러운 선'이 생기기 시작한 때를 바로 이 풍경 정원의 등장에서 찾고 있다.

콜럼버스의 달걀처럼 인식을 바꾸는 일은 해놓고 나면 별일 아니지만, 그것을 깨기까지는 참으로 힘겹고 어려운 과정을 거치게 마련이다. 수천 년 동안 곡선의 아름다움을 알아온 동양에서는 변함없이 사용된 디자인이었지만 유럽 정원 역사에 있어서도 이 '구 불거리는 선의 등장'은 거의 콜럼버스의 달걀에 비유될 정도로 혁신적인 디자인이었다.

디자인 원리 5 **숨김의 미학**

스타우어헤드 정원은 평면도로 보면 매우 단순하다. 그러나 이 정원은 관람이 목적이 아니라 걷는 행위를 통해 경치를 감상하는 것을 목적으로 하는 매우 동적인 정원이다. 정원에는 헨리 호어가 고용한 건축가, 헨리 플리트크로프트(Henry Flitcroft)에 의해 디 자인된 신전, 파빌리온, 다리, 동굴 등 많은 건축물이 있다. 그런데 이 건물들을 어디에 서나 볼 수 있는 곳에 두지 않고 언덕 위, 혹 은 지면보다 낮은 호숫가에 숨겨두었다. 자 칫하다가는 관람을 놓치기 쉬울 정도다. 이 것은 헨리가 이 건물을 곁에서 보는 용도로 만 지은 것이 아니라는 것을 짐작케 한다.

호숫가에 거의 숨기듯 만들어놓은 동굴의 경우는 더욱 드라마틱하다. 컴컴한 안으로 들어서는 동안 우리는 눈이 아니라 귀를 세 우게 된다. 동굴에서 흘러나오는 물소리 때 문이다. 그런데 이 물소리를 들으며 좀 더 안 으로 발걸음을 옮기면 다시 어느 순간 동굴 이 갑자기 환해지며(위로 뚫려 있는 천창 때문 에) 강의 신 님프와 같은 조각상을 만나게 된

호숫가에 위치한 동굴의 외부. 주요 동선에서 비껴 있는 데다 밑으로 내려앉아 있 어 자칫 지나치기 쉬운 곳에 위치해 있다. 동굴의 디자인은 정확하게 동양의 영향 으로 음양의 문화를 중시했던 중국에서 특히 발달했다. 가산(가짜산)을 만들어 솟 아오르는 '양'을 표현했다면 그 옆에는 '음'을 상징하는 동굴을 만들었는데 호어는 이런 중국식 가든 디자인 기법을 자신의 정원에도 가져왔다.

영화 〈오만과 편견〉의 무대가 되기도 했던 판테온. 이 판테온이 서 있는 언덕은 아 래 호수를 파낸 흙을 얹어 그 높이가 더 높아졌다. 정원 전체를 관람할 수 있는 지 점이기도 하다.

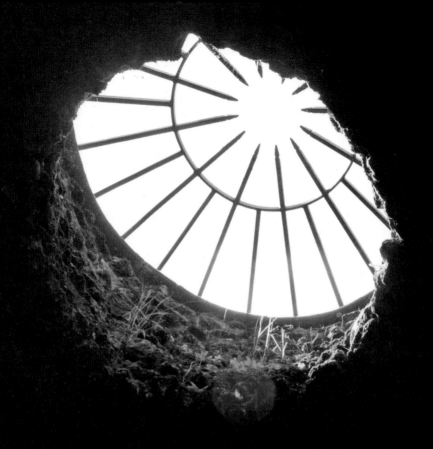

어두운 동굴 안을 자연의 빛으로 밝히는 천장. 이 천창을 통해 동굴은 명암이 더욱 짙어진다.

샘이 솟는 지점에 놓인 강의 신. 강의 신 조각물은 특별히 렌즈를 조절하지 않아도 어둠 속에서도 사진처럼 선명하게 보인다.
이 효과를 위해 헨리 호어는 동굴 안에 천창을 뚫었고 그 빛이 정확하게 흰 대리석 조각물에 떨어지도록 구성했다.

동굴의 창을 통해 보이는 호수와 건너편 정원의 풍경. 동굴은 디자인적으로 서양이 아닌 동양 정원에서 가져온 것으로, 17세기부터 시작된 활발한 동서양의 만남이 정원에까지 큰 영향을 미쳤음을 알 수 있다.

다. 이들 조각상이 놓여 있는 장소는 바로 샘물이 나오는 지점으로, 헨리는 정확하게 샘물이 나오는 곳에 물신들의 조각물을 두어 습하고 어두워 오싹할 수 있는 동굴의 풍경을 신화의 세계로 만들었다. 이른바 '스토리텔링 디자인'의 원조를 만나는 셈이다.

하나 더 추가되는 드라마는 동굴의 작은 창을 통해 바라보는 호수와 호수 건너편의 풍경이다. 정확하게 각도를 계산해 내어놓은 창문틀 속에 아름다운 풍경이 담기면서 액자 효과를 만들어내고 있음을 알 수 있다.

디자인 원리 6 **스토리텔링 디자인, 건축물과 정원의 조화**

'다섯 개의 아치를 지닌 다리', '아폴로 신전', '고딕 양식의 오두막집', '플로라의 신전', '판테온' 등 스타우어헤드 정원에는 국보급 정원 건축물들이 많다. 이들의 건축비도 어마어마하다고 한다. 그러나 이 건물들은 정원을 걷다가 잠시 들러 쉬는 장소 외에는 특별한 기능을 지니고 있지 않다. 그렇다면 헨리 호어는 왜 그토록 엄청난 건축비를 들여가며 특별한 기능도 없는 건물들을 정원에 지은 것일까?

스타우어헤드 정원을 걷는 동안 우리는 그 이유를 자연스럽게 깨달을 수 있다. 건축물을 뺀 스타우어헤드의 정원은 말 그대로 세상 어디에나 있는 흔하디 흔한 호숫가 풍경일 수 있다. 그러나 여기에 고대 그리스 로마 양식을 흉내낸 팔라디안풍의 건물(Palladian type architecture)이 등장하면서 갑자기 정원은 이야기를 만들어내기 시작한다. 이것은 마치 '사실'이었던 풍경이 '소설'이 되는 순간과도 같다.

이런 디자인이 가능했던 것은 헨리 호어가 앞서 언급한 것처럼 클로드 로랭의 그림을 스타우어헤드 가든 디자인의 밑그림으로 사용했기 때문이다. 그는 화가의 그림과 똑같은 풍경을 연출하고 싶어했고, 그것이 그대로 재현이 되면서 스타우어헤드 정원은 사실에 앞서 '신화'를 끌어안은 감동의 장소로 탈바꿈된 것이다.

판테온에서 내려다보이는 호수와 정원의 나무들. 스타우어헤드 정원은 사진기로는 담을 수 없는, 인간의 눈으로만 확보되는 웅장함과 고귀함이 살아 숨 쉬는 정원이다.

풍경의 고귀함을 알려주는 품격의 디자인

헨리 호어는 자신의 정원 외에 다른 곳을 디자인한 적이 없다. 그래서 '아마추어 오너 디자이너'라는 명칭을 줄 수밖에 없지만, 그의 디자인은 아직도 남아 있는 수많은 영국의 풍경 정원 중에서도 단연 최고로 여겨진다.

그는 자칫 놀이공원 분위기로 흐를 수 있는 스토리텔링을 격조와 품격으로 이끄는 디자인을 구사했다. 건물의 격조를 살리는 데 썼던 충분한 투자, 하지만 투자한 값비싼 건물을 정원에 묻히도록 숨겨놓는 미학. 이런 것들이 스타우어헤드 정원을 놀이공원 느낌을 뛰어넘어 진품을 만나는 진정한 품격의 정원으로 만든다.

사람들은 많은 이유로 정원을 만든다. 때로는 자신의 은닉을 위해 꽁꽁 숨겨두는 정원을 만들기도 하지만, 헨리 호어의 스타우어헤드 정원은 많이 다르다. 그는 자신의 정원을 통해 자신이 얼마나 지적이며, 그의 집안이 참으로 고상하고 우아하다는 것을 보여주려고 노력했다. 스타우어헤드 정원은 화려함이나 호화로운 번쩍거림이 전혀 없다. 대신 버려진 터에서 문득 고대 그리스, 로마의 진귀한 유물을 발견하는 것과 같은 놀라움과 고전적인 아름다움으로 가득하다. 헨리 호어는 돈만 있으면 시장에서 누구나 구입이 가능한 값비싼 명품이 아니라 진품의 아름다움과 격조를 정원 속에 담으려고 했고, 그의 의도는 정확하게 표현되어 지금도 스타우어헤드 정원에 남아 있다.

어떤 정원을 만들 것인가는 결국 우리가 그 정원에 무엇을 담고 싶고 표현하고 싶은가와 직결된다. 그래서 디자인을 생각하기 전에 '왜 정원을 만드는가?'를 먼저 생각해야 하는 것이다.

✳ 자연이 만든 디자인과 인간이 만든 디자인의 조화

자연의 모방 자체만으로는 한계가 있다. 정원은 전체적인 식물의 풍경과 어울리는 건축물, 다리, 조각 등의 어울림이 중요하다. 다리가 놓일 자리, 건물이 들어설 자리는 어디에 서서 그 풍경을 보게 될 것인지에 대한 충분한 검토가 먼저 이뤄져야 한다. 좋은 방법으로는 사진을 찍듯이 손가락으로 네모난 프레임을 만들고, 그 안에 어떤 풍경이 들어오는지를 검토하고 거기에 상상으로 밑그림을 그리면 좀 더 쉽게 접근할 수 있다.

다섯 개의 아치가 있는 다리에서 보이는
맞은편의 판테온 모습.

✳ 풍경을 정원에 끌어들이는 기법

풍경을 모방하는 것은 가든 디자인 기법 가운데 가장 오래되고, 동서양을 막론하고 가장 많이 쓰이는 방법이다. 숲, 산, 들, 개울과 같은 풍경을 축소해 내 집 정원에 앉히고 싶다면 평소 자연 속에서 호수의 모양은 어떠한지, 어떻게 시냇물이 흐르는지, 어떤 수목들이 산과 숲 속에서 자라고 있는지 등을 꼼꼼히 관찰하는 것이 중요하다.

스타우어헤드 정원은 자연스러운 나무 심기를 통해 마치 잘 정리된 숲 속을 그대로 옮겨놓은 듯한 느낌을 준다.

✳ 단점을 장점으로 바꾸는 가든 디자인 노하우

스타우어헤드 정원은 길에 의해 땅이 두 갈래로 나뉘어 있다. 이런 경우를 잘 해결하지 않으면 결국 두 개의 독립적인 정원을 만들 수밖에 없는데, 헨리 호어는 이 갈라진 땅을 하나로 연결하는 장치를 통해 정원을 완성했다. 도로 위로는 솟는 동굴을 만들어 길 건너편 땅과 연결을 했고, 다시 건너는 장치로 도로 밑으로 땅을 파 지하 동굴을 만들었다. 결국 사람들은 길을 건넌다는 느낌이 없이 동굴을 올라가 건너편 정원을 관람한 뒤, 다시 지하 동굴을 통해 맞은편 정원으로 자연스럽게 들어서게 된다. 극단적인 단점을 디자인을 통해 잘 극복한 사례다.

도로에 의해 갈라진 정원을 지상, 지하 동굴을 만들어 연결한 가든 디자인의 사례.

영국 더비셔에 위치한 정원으로 1549년부터 캐번디시 가문으로 지금까지 이어져오고 있다. 6대 공작인 윌리엄 캐번디시에 의해 오늘날까지 정원 모습이 자리를 잡았고 후손에 의해 물려지면서 시대별로 첨삭이 이뤄져 다양한 깊이와 층을 감상할 수 있다. 영국 최고의 아름다운 성(castle)으로 매번 선정되는 장소이기도 하다.

3

"460년 가든 디자인의 역사"
전통과 모던의 만남

채스워스 정원 디자인
Chatsworth Garden

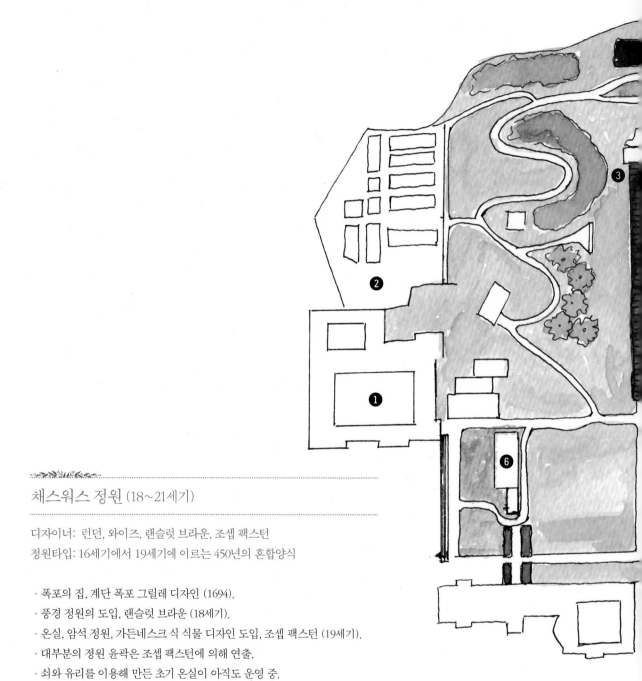

채스워스 정원 (18~21세기)

디자이너: 런던, 와이즈, 랜슬럿 브라운, 조셉 팩스턴
정원타입: 16세기에서 19세기에 이르는 450년의 혼합양식

· 폭포의 집, 계단 폭포 그릴레 디자인 (1694).
· 풍경 정원의 도입, 랜슬럿 브라운 (18세기).
· 온실, 암석 정원, 가든네스크 식 식물 디자인 도입, 조셉 팩스턴 (19세기).
· 대부분의 정원 윤곽은 조셉 팩스턴에 의해 연출.
· 쇠와 유리를 이용해 만든 초기 온실이 아직도 운영 중.
· 전통을 중시하면서도 현대적인 새로움을 도입시키는 디자인 연출.

조셉 팩스턴이 연출한 가든네스크(Gardendesque) 스타일이란?
픽처레스크(Picturesque)가 17세기 풍경화와 같은 정원 연출 기법이라면 가든네스크는 지나친
자연스러움을 배제하고 대칭, 기하학 등의 형태미를 혼합시켜 화단이나 연못 등을 추가하고, 식
물 심기에 있어서도 자연스러움만을 추구하는 것이 아니라 인위적 배치나 모음을 혼합시킨 방식
을 말한다.

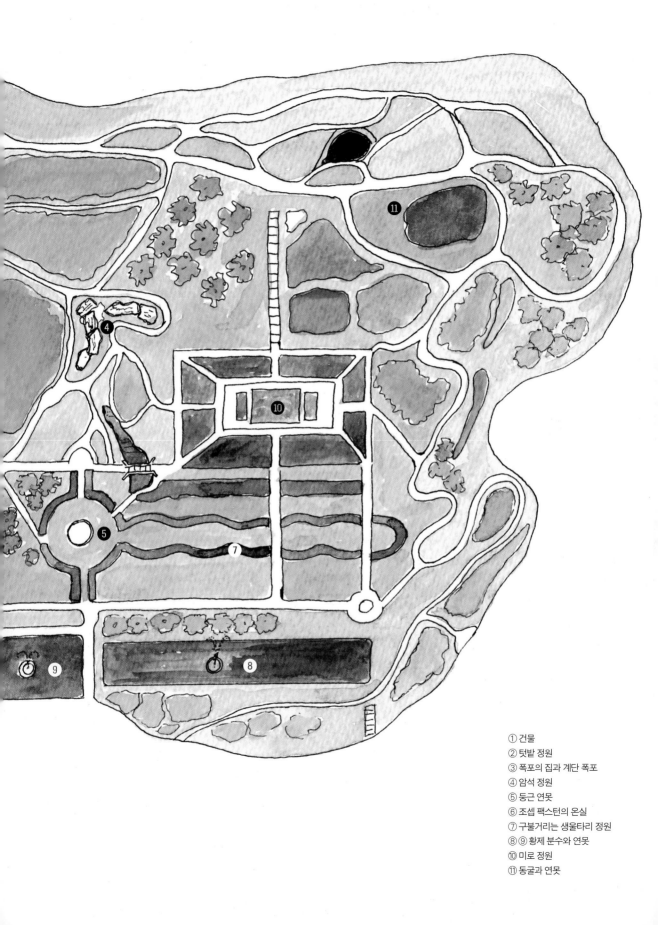

① 건물
② 텃밭 정원
③ 폭포의 집과 계단 폭포
④ 암석 정원
⑤ 둥근 연못
⑥ 조셉 팩스턴의 온실
⑦ 구불거리는 생울타리 정원
⑧ ⑨ 황제 분수와 연못
⑩ 미로 정원
⑪ 동굴과 연못

조셉 팩스턴 Joseph Paxton(1803~1865)

기술과 아름다움의 결합을 이룬 가든 디자이너로 정원사, 건축가, 국회의원으로 당대를 화려하게 살았던 인물. 1851년 런던에서 개최된 만국박람회(The Great Exhibition)를 위해 길이 563미터, 너비 124미터, 높이 33미터에 이르는 거대한 유리온실을 설계하기도 했다. 스무 살에 캐번디시 가문의 6대 공작과 인연을 맺은 뒤 그의 정원사이자 가든 디자이너로 채스워스 정원을 50년 가까이 디자인하고 가꾸었다.

랜슬럿 브라운 Lancelot Brown(1716~1783)

채스워스 정원에 자연스러운 풍경 정원의 개념을 넣어준 디자이너. 18세기 동안 영국은 물론 유럽 전역에서 풍경 정원을 가장 많이 조성한 디자이너로 유명하다. 그러니 윌리엄 켄트나 후에 나타난 험플리 렙턴(Humply Repton, 1752~1818)에 비해 디자인적 진화가 뚜렷하지 않아 디자이너보다는 시공자로 많이 분류된다.

....

그릴레 Grillet

조셉 팩스턴이 있기 전 채스워스 정원에 폭포와 폭포의 집을 디자인한 사람. 프랑스의 위대한 가든 디자이너 앙드레 르 노트르의 제자로 17세기 바로크 시대의 가든 디자이너로 활동했다.

유리온실을 가든 디자인의 영역으로 끌어들이다

지금은 직업에 대한 세부적인 구별이 명확하지만, 18세기에만 해도 직업의 영역은 상당히 광범위해 건축, 가든 디자인, 엔지니어링, 원예, 미술의 영역을 아우르는 사람들이 많았다. 조셉 팩스턴도 그중 한 사람으로 정원사로 출발했지만 훗날에는 가든 디자이너, 건축가, 엔지니어로 그리고 말년에는 영국 의회의 국회의원으로까지 활동 영역을 넓혔던 인물이다.

조셉 팩스턴을 기억하는 사람들은 그의 '유리온실'을 먼저 떠올릴 듯하다. 팩스턴은 자신이 일하고 있던 채스워스 정원에 강철과 유리를 이용한 온실을 처음으로 제작했고, 후에 이 기술을 축적시켜 1851년, 영국 런던의 하이드파크에서 개최된 만국박람회에 가로 563미터, 세로 124미터, 높이 33미터의 거대한 유리온실 박람회장을 만들었다. [일명 수정궁(Crystal Palace): 만국박람회가 끝난 후 철거되어 1879년 시드니로 옮겨져 '더 가든 팰리스(The Garden Place)' 라는 이름으로 세워졌다. 그러나 화재로 불타 없어졌다.] 이 규모는 지금도 그 기록이 깨지지 않고 있을 정도다.

1851년 런던에서 개최된 '만국박람회장'으로 지어진 크리스털 궁전(일명 수정궁). 철과 유리로 만들어진 이 박람회장은 조셉 팩스턴의 디자인으로, 건립 당시부터 영국의 산업기술력을 보여주는 최고의 작품으로 전 세계를 깜짝 놀라게 했다. 하이드파크 공원에 만들어졌다 전시가 끝난 뒤 해체되었고, 후에 다시 1879년 시드니 만국박람회로 옮겨졌으나 1879년 화재로 인해 사라졌다.

청년 정원사 조셉 팩스턴

조셉 팩스턴은 정규 교육을 받지 않았다. 대신 독학으로 식물과 원예에 대한 지식을 습득했고, 10대의 어린 나이에 이미 영국의 왕립원예학회(Royal Horticultural Society)의 정원인 치즈윅 정원(Chiswick Gardens)에서 정원사로서 경력을 쌓았다. 그는 성격이 매우 활달하고 누구에게나 친근하면서도 배움에 대한 열정이 매우 컸다고 전해진다. 때문에 10대의 어린 나이였지만 누구보다도 식물과 정원에 대한 학식이 풍부했다.

당시 이런 팩스턴을 눈여겨본 사람은 캐번디시(Cavendish) 가문의 6대 공작이었다.

캐번디시 가문의 성인 채스워스 캐슬은 영국인들이 뽑는 최고 아름다운 성으로 매년 선정될 정도로 정원뿐만 아니라 성의 내부 또한 아름답다. 특히 이곳의 정원과 건물은 2005년 리메이크된 영화 〈오만과 편견〉과 2008년의 〈공작부인〉의 촬영지로 사용되어 많은 관광객들의 발길이 끊이질 않는다.

그는 치즈윅에 있던 팩스턴을 자신의 채스워스 정원으로 스카우트한다. 당시 팩스턴의 직함은 수십 명의 일반 정원사를 거느려야 하는 정원의 총책임자 격인 헤드가드너(head gardener)였는데, 그때 그의 나이는 놀랍게도 겨우 스무 살에 불과했다. 그러니 그가 얼마나 파격적인 승진을 했는지를 충분히 짐작하고도 남는다.

팩스턴과 캐번디시 가문의 50년 우정

스무 살의 나이에 채스워스 가문과 인연을 맺은 조셉 팩스턴은 숱한 유혹에도 불구하고 자신을 진정한 친구로 여겨주는 공작과 친분을 유지하며 50년 가까이 그곳의 정원사로 일했다. 당시 캐번디시 가문의 6대 공작은 조셉 팩스턴에 대한 신뢰가 얼마나 두터웠는지, 나랏일과 집안일에 대해 중대한 결정을 내릴 때마다 반드시 팩스턴에게 그 의견을 가장 먼저 물었다고 한다. 또한 자신의 묘비명 문구에 팩스턴을 언급했을 정도로 죽는 순간까지도 그를 잊지 않았고, 팩스턴 역시도 공작이 죽은 후에야 채스워스 정원을 떠나

성 안의 모습. 진귀한 조각물이 가득하다.

는 의리를 지켰다.

팩스턴에 대한 공작의 신뢰는 그의 성실함과 진정성 때문이었다. 그는 한결같이 새벽 4시 반에 정원 일을 시작했던 것으로 유명한데, 50년 간 변함없이 여명도 트지 않은 새벽에 채스워스 정원을 돌아보며 그날의 할 일, 그리고 정원에 대한 새로운 구상을 잊지 않았다. 특히 그는 식물에 대한 지식 외에도 정원을 만드는 데 필요한 기술적인 부분을 창조적 방법으로 잘 해결해나갔다. 특히 채스워스 정원 내에 '침엽수림(Pinetum)'을 조성할 때에는 8톤이 넘는 나무를 옮기기 위해 독창적인 이동 방법을 개발했고, 이후 많은 정원사들이 트럭과 크레인이 발명되기 전까지 큰 나무를 옮기는 일에 팩스턴이 고안한 이 방식을 따랐다.

소통과 새로운 시도의 개척 가든 디자이너

유리온실이 워낙 대표적이다 보니 흔히들 그를 가든 디자이너보다는 엔지니어, 건축가로 분리할 때도 있지만 그는 태생부터 정원사였고, 가든 디자인이라는 개념도 없을 당시 채스워스의 정원 곳곳을 독특한 자신만의 스타일로 디자인했던 장본인이다. 때문에 그를 평가할 때 빼놓을 수 없는 부분이 정원 구석구석의 디자인일 수밖에 없다. 그는 디자인을 할 때 혼자만의 생각으로 구상을 하기보다는 친구이면서 정원의 실질적인 주인이었던 공작과 함께 많은 부분을 의논했고, 공작의 의견에 귀를 기울였다. 이 점은 현대적 의미로 봤을 때, 가든 디자이너가 정원을 구상하기 전, 그곳을 사용하고 관리해야 할 주인의 의견을 꼼꼼하게 듣고 그것을 디자인에 반영하는 것과 같은 맥락으로 볼 수 있다.

사실 팩스턴이 구상했던 침엽수림이나 거대한 암석을 이용한 바위 정원, 연못, 황제 분수 등은 300년을 넘는 시간의 흐름에도 불구하고 아직도 그 모습 그대로 채스워스 정원에 남아 있다. 이것은 캐번디시 가문의 꾸준한 관리 덕택이기도 하지만, 그곳을 사

가로수 길이라고 흔히 해석되는 '애비뉴(Avenue)'는 대문에서 건물까지 이어지는 똑바로 뻗은 길로, 당시는 4륜마차가 통행할 수 있도록 도로를 내고 양 옆으로 나무를 줄세웠다. 애비뉴는 입구 디자인의 가장 보편적 예로 방향을 인도하면서 일종의 완충 공간 역할을 해준다. 집이 곧바로 나타나지 않고 일종의 완충 공간을 둠으로써 건물을 좀 더 신비롭고 아름답게 포장하는 효과가 있다.

용하게 될 주인의 입장에서 충분히 고려했던 팩스턴의 디자인 철학에서도 그 이유를 찾을 수 있다.

<h1>채스워스 정원에서 배우는
가든 디자인 원리</h1>

조셉 팩스턴의 가든 디자인은 예술을 창조하기 위해서는 기술의 뒷받침이 얼마나 필요한가를 절실히 보여준다. 즉 기술이 바탕이 된 예술의 세계가 팩스턴의 가든 디자인에 잘 녹아 있다. 특히 팩스턴의 디자인은 무엇인가를 많이 집어넣고 꾸미기보다는 공간이 각각 고유의 기능을 갖고 유지될 수 있도록 배려한 디자인의 진수를 보여준다.

디자인 원리 1 기술력을 바탕으로 한 신개념의 정원 아이디어

그가 만들어낸 침엽수림은 일명 뾰족한 잎을 지닌 소나무, 전나무, 잣나무 등으로 구성된 숲이다. 마치 원래 있었던 숲처럼 보이지만 실은 디자이너의 의도에 의해 다양한 수종이 수집된 장소다. 팩스턴은 작은 나무를 키워서 후대에 정원을 보게 하는 방식이 아니라 이미 다 자란 큰 나무를 이용해 숲을 조성하는 방식을 택했다. 이를 위해서는 큰 나무를 움직이고 심어야 하는 엄청난 기술이 필요했고, 팩스턴은 자신의 기술적 지식을 총동원해 이 방법을 만들어냈다.

디자인 원리 2 동양의 멋을 가미하되 팩스턴적 방법으로

18세기, 당시 영국은 동양의 문물이 쏟아지던 시기였다. 영국에서 1900년대 선풍적으로 도입되었던 암석 정원은 동양(중국, 일본, 한국)의 산에서 영감을 얻은 것으로 바위와 그 돌 틈에서 자생하는 키 작은 식물의 조화로움이 디자인의 관건이었다. 새로운 시도에

누구보다 열정이 많았던 팩스턴은 이런 신
개념의 동양풍 암석 정원을 만들고 싶어했
고, 공작의 적극적인 후원으로 당시로서는
시도된 적이 없었던 엄청난 규모의 암석 정
원을 조성하게 된다.

　채스워스의 암석 정원은 영국에 많이 퍼
져 있는 다른 암석 정원과 비교했을 때 그
규모면에서 매우 크다. 엔지니어로서 기술
력을 지니고 있던 팩스턴은 엄청난 무게의
돌을 움직일 수 있는 능력이 있었기에 수십
킬로미터 떨어진 곳에서부터 돌을 운반해
실로 웅장하면서도 스펙터클한 암석 정원
을 탄생시킨다. 그런데 중요한 것은 팩스턴
의 암석 정원이 그 모태를 동양에서 가져오
기는 했지만, 분명히 다른 디자인적 특징을
지니고 있다는 점이다. 팩스턴은 작고 아기
자기한 매력이 아니라 마치 근육질의 남성
을 보는 것처럼 굵고 볼륨감 넘치는 느낌으
로 돌을 구성했고 여기에 바위와 잘 어울리
는 좀 더 선 굵은 식물을 심어 차별성을 두
었다.

침엽수림 입구. 지금으로서는 평범해 보이는 수목원의 모습일 수 있지만, 당시 크레인이나 중장비 없이 8톤 나무를 옮기는 일은 거의 불가능에 가까웠다. 그러나 팩스턴은 자신이 개발한 나무 이동법으로 영국 방방곡곡에서 수집한 아름드리 침엽수를 채스워스 정원으로 옮겨놓았다.

당시로서는 상상할 수 없는 크기의 돌을 이동시켜 만든 팩스턴의 암석 정원. 채스워스의 암석 정원은 단지 규모가 크다는 것만으로 놀라운 것이 아니라 돌을 쌓고, 터널을 만들고, 그 사이로 물이 흐르게 하는 등 인간의 한계를 뛰어넘어 정원 속에 자연의 웅장함을 디자인적으로 풀어냈다는 점이다.

디자인 원리 3 ｜ 균형의 예술

　저택의 창문을 통해 보이는 길쭉한 직사각형의 연못은 매우 밋밋하다. 그러나 이런 밋
밋함에도 팩스턴의 디자인적 의도가 숨어 있다. 그는 밋밋한 직사각형의 연못 가운데 분
수를 설치했고, 그 분수는 당시 최고의 기술력을 보여주는 것으로 물기둥의 높이가 90

건물의 테라스에서 보이는 황제 분수(Emperor Fountain). 1844년에 만들어진 이 분수는 물기둥의 높이가 최고 90미터에까지 이른다. 치솟는 물길을 가든 디자인에 활용하기 위해 직사각형의 연못을 팠고, 연못의 끝지점이 지평선에 닿도록 구성해 시선이 더욱 확장되도록 만들었다. 만약 연못의 모양 이 화려하고 복잡했다면 치솟는 물길의 황제 분수가 눈길을 끌 수 없었을 것이다.

미터에 이르렀다. 분수의 물이 위로 높이 솟구치는 만큼, 균형을 맞추기 위해서는 길쭉한 길이의 연못이 필요한 것이 당연하다. 물기둥이 90미터를 솟구치는데 만약 연못의 크기가 작거나 장식이 화려했다면, 물기둥 자체가 사람들의 눈길을 끌 수 없었을 것이 분명하기 때문이다. 수직으로 치솟는 느낌을 더욱 극대화하기 위해서는 단순하지만 커다란 연못이 필요했고, 연못은 물길이 치솟고 있을 때 그 역할을 충분히 해주고 있음을 알 수 있다.

디자인 원리 4 쇠와 유리의 온실 디자인 노하우

온실은 온대성 기후를 지닌 유럽에서 열대식물을 키우고 싶은 열망의 산물이었다. 그러나 당시까지 제대로 된 온실의 제작은 기술적인 문제에 부딪쳐 이뤄지지 못하고 있었다. 이에 팩스턴은 나무가 아닌 쇠로 틀을 만들고 거기에 유리를 끼워 무게와 채광의 문제를 한꺼번에 해결하는 방법을 찾아냈다.

놀라운 것은 팩스턴의 유리온실 디자인이 단순히 기술적인 건축에 머물지 않고 여기에 예술적인 자신만의 감각을 더했다는 점이다. 그는 담장에 붙여 만든 첫 번째 온실을 시작으로 채스워스 정원 내에 많은 온실을 제작했다. 그가 디자인하고 직접 만든 첫 번째 온실은 경사면을 그대로 이용해 담장과 온실이 가든 디자인의 영역으로 들어올 수 있도록 한 획기적인 작품이었다. 지금 보면 디자인적으로 큰 매력을 못 느낄 수도 있지만, 온실을 디자인한다는 개념조차도 없었던 당시로서는 정원의 중요한 아이템으로 온실이 등장하면서 그야말로 선풍적인 인기를 끌었다.

팩스턴은 당시 사람들이 생각하지 못했던 전혀 새로운 개념을 정원에 도입하는 데 누구보다도 열정인 디자이너였다. 그는 최초로 나무가 아닌 쇠로 형태를 잡고 유리를 끼운 신개념의 온실을 만들어냈고, 이것을 단순한 기능에 머물게 하지 않고 아름다운 건축물로 탄생시켜 유리온실이 정원의 중요한 아이템이 되는 데 크게 기여했다.

팩스턴은 이후에도 채스워스 내에 온실을 더 만들었지만, 안타깝게도 화재로 인해 첫

온실을 제외하고는 모두 소실됐다.

디자인 원리 5 | **기능과 아름다움의 결합**

사과나무로 만든 퍼고라 터널. 수직으로 높이 서 있는 퍼고라는 큰 나무 없이 평면적으로 디자인될 수밖에 없는 텃밭 정원에 높이를 부여하면서 정원을 훨씬 더 입체적으로 보이게 만든다. 사진 속 텃밭 정원은 조셉 팩스턴이 조성한 텃밭 정원이 사라진 뒤 복원 작업을 통해 다시 탄생한 모습이다. 텃밭 정원은 단순한 텃밭의 개념이라기보다는 채소와 허브 등 식용이나 약용으로 이용할 수 있는 식물로 만드는 정원으로, 18세기 빅토리아 시절 그 규모와 형태가 크게 발달했다.

조셉 팩스턴의 가든 디자인은 매우 남성적이다. 그러나 이런 편견을 과감하게 깨는 정원도 있다. 그가 디자인한 텃밭 정원은 어떤 여성 디자이너가 만든 정원보다 아기자기하고 소박하면서도 아름답다. 그는 중심축을 이용해 중심 동선을 만들고 좌우로 아기자기한 채소밭과 과일을 키울 수 있는 나무를 배치해 텃밭 정원을 완성했다.

팩스턴은 기능성과 예술성을 결합시키는 감각이 탁월했다. 그는 거름을 모으는 통조차도 정원의 아이템이 될 수 있도록 배려하는가 하면, 키를 낮게 키우면서도 수확량을 늘릴 수 있는 과일나무 재배 방식을 선택했고, 또 정원에 높낮이를 주어 지루하지 않으면서 이동이 편리하도록 했다. 무엇보다도 이 텃밭 정원의 백미는 중심 동선에 서 있는 사과나무 터널이다. 기능적 디자인에 머물기 쉽상인 텃밭 정원에 이 사과나무 터널이 있음으로 해서 시선을 사로잡으면서 정원 자체에 볼륨감을 준다.

조셉 팩스턴 이전 초기에 프랑스의 가든 디자이너 그릴레에 의해 디자인 된 폭포와 폭포의 집. 캐번디시 가문은 조셉 팩스턴 이후에도 기존의 정원에 새로움을 시도해 두터운 역사의 겹이 생기도록 노력했다. 바로 이런 노력으로 채스워스 정원을 460년의 정원 역사 그 자체라고 평가하기도 한다.

기능이 살아 있는 가든 디자인

정원은 기능에 충실해야 할까? 아름다워야 할까? 이 두 가지의 개념은 늘 가든 디자이너에게 숙제를 남긴다.

결론은 건축이든 가든 디자인이든, 기능을 상실한 채 아름다움만을 추구하다 보면 그곳을 오랜 시간 동안 이용해야 하는 주인에게는 아름답지만 이용하기 힘든, 그래서 점점 더 방치되고 나중에는 결국 그 디자인을 포기하게 되는 원인이 된다. 때문에 다른 순수미술과 달리 건축과 가든 디자인 등 사람의 이용을 전제로 하는 공간 디자인은 반드시 그곳을 이용하게 될 사람에 대한 배려가 우선시되어야 한다. 팩스턴의 디자인의 진수는 디자인을 위한 디자인이 아니라 기능이 살아 있는 가든 디자인을 이뤄냈다는 점이다.

그의 디자인에는 새로운 것을 끊임없이 시도하고, 상상을 꿈으로 실현시키려고 했던 열정이 가득하다. 당시 사람들이 팩스턴의 거대 온실이나 암석 정원에 열광했던 이유는 바로 이런 꿈의 실현에 있었다. 팩스턴 이후 더 아름다운 암석 정원과 온실 디자인이 수도 없이 탄생했지만, 팩스턴이 없었다면 후배들의 예술적 승화는 결코 일어날 수 없었을 것이다. 바로 이런 점에서 종종 팩스턴을 디자이너보다는 엔지니어나 건축가로 평가하는 시각도 있지만 가든 디자인 영역에서 그 누구보다도 꿈을 현실로 완성시킨 최고의 개척자라고 볼 수 있다.

✳ 식물을 구조적으로 이용하는 방법

주목나무(*Taxus*), 향나무(*Juniperus*), 호랑각시나무(*Ilex*), 홍가시(*Photinia*), 쥐똥나무(*Ligustrum*), 사철나무(*Euonymus*), 탱자나무(*Poncirus*) 등은 잎과 줄기가 잘려나가도 다시 왕성하게 잎을 틔우는 식물이다. 이런 특징 때문에 어떤 형태로든 가위질로 모양을 만들어내기 쉽다. 식물을 원래 형태 그대로 자라게 하는 방식도 있지만, 이런 수종을 촘촘하게 심어 담장, 경계 등을 구성해 구조적인 기능을 할 수 있도록 만들 수 있다.

나무를 자연스러운 형태로 자라게 하는 방식은 숲 속 분위기를 연출하는 데는 탁월하지만, 작은 정원에서는 한계가 뚜렷하다. 그림에서처럼 식물을 구조적으로 쓰게 되면 정원 내에 공간을 만들어내고 경계를 뚜렷하게 표현할 수 있다.

✻ 정원에 축을 만들자

가든 디자인에서 축이라는 개념은 원근법을 잘 이해하는 것으로부터 시작된다. 정원의 축을 만들기 위해서는 평면도를 그려놓고 가로, 세로, 대각선 등으로 공간을 분할하는 것부터 시작해야 한다. 이렇게 나뉜 가상의 선을 머릿속에 그리면서 실제 땅에 적용해 축을 만들어 내보자. 축의 효과를 극대화할 수 있는 소재로는 나무나 조각물 등을 줄 맞춰 세우는 방법, 혹은 담장이나 생울타리 등을 구조적으로 설치하는 방법 등이 있다.

정원의 축은 우리 눈이 어느 한 지점을 향해 모아지는 현상을 통해 만들어진다. 이축은 작은 정원을 좀 더 깊고 풍성하게 만들어주는 효과와 함께 정원 속에 통로와 길을 만든다.

☀ 암석 정원 만들기

암석 정원을 디자인하는 데 최대 관건은 마치 산속 무너진 돌 틈에서 식물이 저절로 피어난 것처럼 지극히 자연스럽게 구성하는 노하우다. 우리나라의 대표 정원으로 손꼽히는 영양의 서석지나 보길도의 세연정도 이 돌들의 자연스러운 배치가 무엇보다 중요한 디자인 키워드였다. 정원의 크기가 작다면 돌의 크기도 작은 것을 선택하는 것이 요령이다. 우선 돌을 먼저 배치한 뒤에 돌 틈에서 자랄 수 있는 건조함을 잘 이겨내는 적합한 식물군을 찾아내야 한다. 이때 식물은 스스로 피고 지고가 가능한 자생종이 좋다.

자연스러운 정원 연출법을 배우고 싶다면 산이나 숲을 주기적으로 찾아야 한다. 산속에서 나무들이 어떻게 자라고 있는지, 큰 나무 밑에서 어떤 작은 나무와 초본식물이 어떻게 조화를 이루고 있는지 등을 세심히 관찰하고 사진으로 남겨 분석하는 공부도 필요하다. 늘 보아온 산과 숲이지만 자연을 모방하는 일은 결코 쉽지 않다. 자연의 불규칙한 원리와 형태를 눈과 머리로 익히는 작업이 중요하다.

헤스터콤 정원은 원래 1720년에 영국식 풍경 정원의 양식으로 조성된 곳이었다. 이후 조지언 양식의 고딕 건물 등이 추가되었다가 1904년부터 에드윈 루티엔스와 거트루드 지킬에 의해 에드워디언식 정원이 추가 되었다. 아트앤드크래프트 운동의 영향으로 건물의 양식이 공예적으로 아름답게 지어졌고 여기에 거트루 트에 의해 이른바 꽃의 색감을 이용한 '초본식물 화단'이 도입되어 19세기 영국 정원의 백미로 꼽힌다. 정 원은 방치되었다가 최근 다시 복원 중에 있다.

4

"식물 디자인의 기원"
식물을 아트의 소재로!

헤스터콤 정원 디자인
Hestercomb Garden

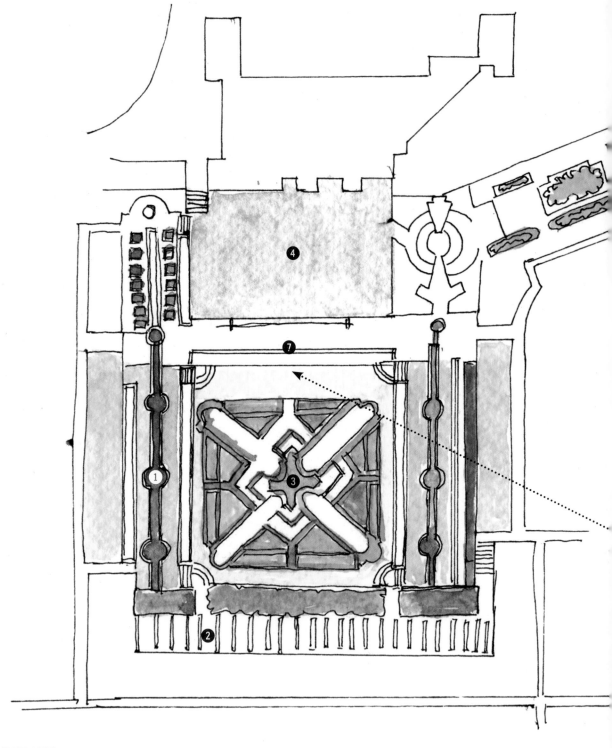

① 연못과 물길
② 퍼고라
③ 선큰 파테르 화단
④ 건물
⑤ 화이트 화단
⑥ 오랑제리(온실)
⑦ 테라스와 계단 상세도

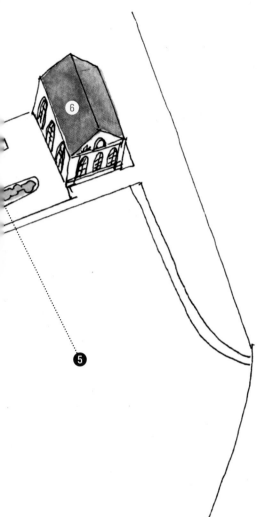

헤스터콤 정원 (19세기 말, 20세기 초)

디자이너: 에드윈 루티엔스, 거트루드 지킬
정원타입: 18세기 풍경 정원(지도에는 표시되지 않음)과 20세기 거트루드 지킬의 아트앤드크래프트 정원

· 건물에서 내려다보이는 선큰 파테르 화단의 기하학적 조형 감각(에드윈 루티엔스)과 풍성한 식물 구성(거트루드 지킬)이 압권.
· 건축가 에드윈의 오랑제리 건물을 포함한 계단, 테라스 구성에 거트루드의 식물 디자인이 혼합되어 섬세하면서도 장식적인 정원이 완성됨.
· 연못 정원은 헤스터콤에서만 발견할 수 있는 독특한 기하학적 문양으로 구성.
· 굵고 선명한 느낌의 퍼고라 연출과 장미, 등나무의 덩굴식물 디자인이 백미.

테라스와 선큰 정원의 모습.
기성품을 쓰지 않고 인근에서 쉽게 구할 수 있는 돌을 이용해 만든 테라스. 밑으로 내려앉은 정원은 테라스에서 전체 관망이 가능하다. 분수, 수로, 구조물의 딱딱한 건축적 요소와 부드러운 재료인 식물이 만나 어느 한 공간도 헛으로 쓰이지 않고 정성이 가득하다.

거트루드 지킬 Gertrude Jekyll(1843~1932)

영국의 가든 디자이너, 정원사, 아티스트, 작가. 영국과 유럽, 미국에 400여 개의 가든 디자인을 남겼다. 영국과 미국에 선풍적인 가든 디자인 열풍을 일으킨 주역이기도 하다. 식물 디자인의 개념을 도입해 기존의 가든 디자인틀을 과감하게 깬 인물로 평가받고 있다. 그녀는 최초의 가든 디자이너이자 작가, 화가, 사진가 등 다양한 분야에서 활동했고 가든 디자인의 새로운 영역을 구축하며 정원 역사의 한 획을 그었다고 평가받는다.

에드윈 루티엔스 Edwin Lutyens(1869~1944)

19세기 영국의 건축가. 거트루드 지킬을 스승으로 모시며 건물을 단순히 건축물로만 보지 않고 정원과의 관계로 해석하며 큰 호응을 얻게 된다. 건축 기법은 고대 그리스 로마의 균형과 대칭을 복귀시킨 '팔라디안 스타일'을 주로 썼지만 거트루드 지킬의 영향으로 여기에 공예적 예술 감각을 덧붙여 독보적인 '에드윈 루티엔스 스타일'을 만들어냈다고 평가된다.

식물, 예술의 소재가 되다

영국의 여성 가든 디자이너, 거트루드 지킬에 대해서는 무수한 평가들이 있지만, 그중 그녀를 표현하는 데 가장 적합한 것은 "거트루드가 시력을 잃은 것이 정원 역사에는 크나큰 축복이었다"라는 말이 아닐까 싶다.

거트루드는 원래 화가였고, 자수 전문가였다. 그러나 마흔을 넘기면서 시력이 급속도로 나빠져 더 이상 그림과 자수를 할 수 없게 되었다. 이때 그녀가 제2의 삶으로 선택한 영역이 바로 어릴 때부터 할머니로부터 영향을 받았던 정원이었다. 그녀는 정원으로 눈길을 돌린 뒤 식물이 예술의 소재가 될 수 있다는 것을 확신했고, 그녀만의 독특한 예술 감각을 토대로 이를 가든 디자인의 분야로 확대시켰다. 결론적으로 서양 정원 역사를 논할 때 거트루드 이전과 이후로 구별이 될 정도로, 그녀는 가든 디자인 분야에 한 획을 긋는 인물이 되었다.

가든 디자인의 역사를 새롭게 썼던 영국의 여성 디자이너 거트루드 지킬이 완성한 헤스터콤 정원의 담장. 거트루드는 정원의 구조물인 담장에도 예술적 감각이 드러나야 한다고 생각했고, 덩굴식물을 이용해 식물과 건축물과 조화를 이루도록 디자인했다.

아트앤드크래프트 운동과 거트루드

거트루드가 만들어낸 신개념의 정원은 바로 '예술과 공예의 정원'이었다. 그런데 그녀가 이 예술의 정원을 만들어낼 수 있었던 배경에는 당시 영국에서 일어났던 문화운동 '아트앤드크래프트 운동(Arts & Craft movement)'이 있었다. 1910년대 이 운동의 창시자였던 윌리엄 모리스(William Morris, 1834~1896)가 살았던 시기는 영국에 산업혁명이 몰아쳐 모든 것이 공장에서 기계에 의해 획일적으로 대량생산되고 있던 때였다. 하지만 그는 이런 획일성을 혐오하면서 생활공예를 중심으로 중세의 장인정신, 즉 지역의 장인에 의해 아름다운 벽돌이 만들어지고, 수제품 가구가 탄생하고, 손으로 그린 벽지가 장식됐던 그 아름다움을 되살리자는 운동을 펼쳤다.

이러한 정신을 정원이라는 분야에서 그대로 이어받은 사람이 거트루드 지킬이었다. 그녀는 정원이라는 공간을 솜씨 좋은 장인이 도자기 빚어내듯 공간을 버리거나 방치하지 않고 정성스럽게 연출했다.

아트앤드크래프트 운동의 창시자였던 윌리엄 모리스가 살았던 '레드 하우스(Red House)'의 모습. 모리스는 대량생산을 거부하고, 장인이 만들어내는 생활공예의 감각과 손맛을 중요하게 여겼다. 거트루드 지킬은 윌리엄 모리스의 아트앤드크래프트 개념을 정원에 도입해 식물을 심을 때도 색채, 형태, 질감에 의해 공예품과 같은 연출이 가능하도록 했다.

정원의 주인공이 식물로 변화되다

물론 거트루드 이전에도 정원은 만들어졌고, 그녀보다 더 뛰어난 솜씨의 조경가도 많다. 그러나 거트루드를 오늘날 가든 디자인의 창시자로 첫손에 꼽는 이유는, 그간 아무도 시도한 적 없었던 '식물 디자인'이라는 개념을 도입했기 때문이다. 거트루드 이전의 정원은 식물이 주인공이 아니었다. 이탈리아의 경우는 조각물, 거대한 파빌리온(pavilion), 분수가 정원의 주인공이었고, 프랑스의 정원에서도 식물은 다듬고 깎아서 형태와 틀을 만드는 것으로 이용됐을 뿐 식물 고유의 아름다움을 감상하는 일은 없었다. 유럽 역사에

푸르름 가운데 흰색 꽃의 색감이 돋보이도록 만들어진 헤스터콤 정원의 화단. 거트루드 지킬은 식물 자체의 아름다움에 초점을 맞췄던 최초의 가든 디자이너로, 식물의 꽃, 잎, 줄기 등이 지니고 있는 색감과 질감을 이용해 정원을 디자인했다.

서는 매우 획기적이었던, 요즘의 골프장을 연상시키는 자연스러움이 가득했던 영국식 풍경 정원도 실은 식물이 주인공이라기보다는 자연스러운 나무 심기를 통해 숲 속의 느낌을 연출할 뿐이었다. 이렇게 정원의 주인공이 식물이 아닌 상황에서 거트루드에 의해 식물이 색감에 따라 모아지고, 식물의 형태를 돋보이게 하기 위해 퍼고라와 아치를 만들고, 계단과 담장 틀에 식물이 자라게 하는 등의 '디자인적 장치'는 획기적인 일이 아닐 수 없었다.

오늘날 조경과 가든 디자인의 차이점을 논할 때에도 어김없이 등장하는 부분이 바로 이 식물 디자인의 영역이다. 조경의 경우 식물 디자인이 필수적인 요소가 아니지만, 가든 디자이너에게는 거트루드가 그랬듯이 식물의 습성을 정확히 파악하고 계절적 상황까지 고려해 식물을 조합하는 능력이 있어야 하기 때문이다. 거트루드 지킬은 이러한 가든 디자이너의 역할을 제시한 선구자적 디자이너였다고 볼 수 있다.

작가, 화가, 사진가, 디자이너…… 다재다능한 거트루드 지킬

거트루드를 단순히 정원사나 가든 디자이너로만 보기는 어렵다. 거트루드는 직접 정원에 식물을 심고 화단을 디자인하면서 자신이 알고 있는 모든 노하우를 글로 남겼고, 이것을 정원전문잡지와 신문에 지속적으로 연재했다. 덕분에 그녀가 남긴 글이 1,000여 편이 넘을 정도다. 그 안에는 전문가들도 혀를 내두를 정도로 식물에 대한 해박한 지식을 적은 것들도 있고, 그녀가 하고자 했던 가든 디자인의 콘셉트를 식물 디자인이라는 개념으로 자세히 풀어놓기도 했다. 또한 그녀는 정원 일을 카메라에 잘 담아 사진집을 발표해 지금도 귀중한 자료가 되고 있다. 안타까운 점은 당시는 컬러 필름이 개발되지 않았던 시점이라 대부분이 흑백사진으로 남아, 그녀가 디자인한 정원의 아름다운 색채를 느끼기 힘들다는 것이다.

사실 거트루드가 단순히 유능한 가든 디자이너로 그쳤다면 그녀의 영향력이 정원 역사의 흐름을 바꿀 정도로 크지 않았을지도 모른다. 그러나 그녀는 단순히 정원 그 자체만이 아니라 미디어를 통해 작가로서 또 사진가, 식물 연구가, 화가 등 다양한 방법으로 자신이 펼치고자 했던 정원의 세계를 알렸고, 이것이 우리가 그녀를 진정한 가든 디자이너의 효시로 보는 이유이기도 하다.

건축가 에드윈 루티엔스와 거트루드의 만남

건축가 에드윈 루티엔스는 거트루드 지킬보다 스물여섯
살이 어린 청년이었다. 그에게 거트루드는 스승이었고, 실질
적으로 건축과 가든 디자인의 모든 노하우를 거트루드로부
터 전수받았다고 해도 과언이 아니다. 이 둘의 불가사의한 우
정은 거트루드가 죽는 날까지 계속되었고, 에드윈은 건축물
을 담당하고, 거트루드는 정원의 식물 디자인을 담당하는 방
식으로 환상의 조합을 자랑하며 영국과 미국, 호주, 유럽의
400여 곳에 가든 디자인 작품을 남겼다. 젊은 에드윈 루티엔
스는 거트루드가 죽은 뒤에도 그녀를 위한 묘지 디자인을 직
접 했을 정도로 그녀에 대한 애정이 지극했다. 훗날 에드윈은
명망 높은 건축가로 성장해 경(Sir)의 호칭까지 얻기도 했다.

에드윈 루티엔스와 함께 거트루드 지킬이 영국은 물론 미
국과 호주에서 유명 가든 디자이너로 활동하던 시기에 쓴
첫 책의 표지. 그녀는 이 책을 통해 자신의 어린 시절 시골
생활과 정원을 가꾸는 기쁨, 더불어 자신이 조성했던 가
든 디자인 노하우에 대해 언급했다.

에드윈과 거트루드의 대비와 조화의 힘

그렇다면 에드윈과 거트루드의 조화의 힘은 무엇일까? 거트루드는 누구보다 자연스
러운 방식의 식물 심기를 좋아했다. 그러나 이 자유로움은 산과 들에서 식물 스스로 자
유롭게 자라는 방식이 아니라, 인간이 정해놓은 틀 안에서 자유롭게 펼쳐지는 것을 말했
다. 즉 에드윈이 매우 정형적인 방법으로 정원에 틀을 잡아 모양을 만들었다면, 거트루
드는 그 안에 흐드러질 듯한 자연스러운 식물 심기를 통해 대조를 이뤄내고는 했다. 갇
혀있는 듯하면서도 흘러넘치고, 흘러넘치는 듯하지만 정갈하게 다듬어지는 조화가 이
들의 정원을 다른 어떤 것보다 차원이 다르게 만들었던 셈이다.

에드윈에 의해 디자인된 수로 정원. 다루기 힘든 돌을 이용해 작은 원과 길죽한 수로를 구성했고 여기에 물속에서 사는 식물을 심어 자연스러움을 더했다. 세상 어느 곳에서도 없는 유일한 수공 작품의 디자인. 이것이 거트루드와 에드윈이 꿈꿨던 아트앤드크래프트 정원이었다.

식물로 화려한 그림을 그리는 기법

건축가 에드윈 루티엔스가 기하학적 문양으로 정원의 틀을 잡고 나면, 거트루드는 이 곳에 어떻게 식물을 심을지에 대한 연구를 시작했다. 화가 출신이었던 그녀가 가장 많이 사용했던 방법은 식물이 피워내는 꽃의 색을 물감처럼 활용하는 것이었다.

미술 시간에 배웠던 색감의 분류를 기억해보자. 빨강, 노랑, 주황색이 알록달록 섞여 있다면 우리는 무의식적으로 따뜻하다는 느낌을 받게 된다. 이것이 흔히 말하는 따뜻한 색감(warm color)이다. 반대로 초록, 파랑, 보라, 흰색이 모여 있다면 앞서와는 다르게 색상 자체에서 '차갑다'는 생각이 든다. 이것이 차가운 색감(cool color)인 셈이다. 이렇듯 색감이 지닌 따뜻하고 차가운 느낌을 거트루드는 식물의 꽃, 잎의 색감을 이용해 표현했다. 즉 화단을 만들면서 따뜻한 색감의 꽃이 피는 식물과 차가운 색감의 꽃이 피는 식물을 모아 심어, 마치 화가가 캔버스에 그림을 그린 듯 화려한 색채의 화단을 만들었다.

지금으로서는 꽃의 색상을 고려해서 화단을 조성한다는 것이 그리 획기적인 일이 아닐 수도 있다. 하지만 거트루드 이전의 정원은 주로 남자들에 의해 조성되었고, 남성들의 정치·사회적 활동의 장으로 이용되었을 뿐, 여성에 대한 배려가 거의 없었다. 그런데 거트루드의 꽃의 색상을 이용한 그림과 같은 화단 디자인이 등장하자 정원에 획기적인 일이 일어나기 시작했다. 그간 가든 디자인이라고 하면 대부분 구조물을 세우거나 나무를 심는 것에 그쳤던 것이 '꽃을 찾는 문화'로 바뀐 것이다. 당시 영국인들은 거트루드의 화단에 매료되어 아름다운 색상의 꽃을 찾는 일에 혈안이 되었고, 이로 말미암아 꽃시장의 규모가 엄청나게 커진다. 또한

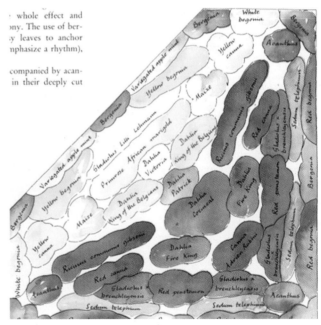

whole effect and
ony. The use of
y leaves to anchor
mphasize a rhythm),

companied by acan-
in their deeply cut

인상주의 화가의 팔레트를 연상시키는 거트루드의 식물 디자인 도면. 그녀는 식물의 크기, 성장 주기, 그리고 꽃을 피우는 시기 등을 정확하게 파악해 식물 디자인 도면을 그렸다. 이런 도면은 식물의 특징을 일일이 공부하지 않고서는 그릴 수 없는 것으로 그녀가 식물에 대해 얼마나 해박한 지식을 익히고 있었는지를 보여준다.

훗날 거트루드의 영향이 영국을 벗어나 유럽과 미국으로 번지면서 전 세계는 물과 나무 중심의 정원에서 꽃의 정원으로 탈바꿈하게 된다. 결론적으로 비단 가든 디자인 분야를 언급하지 않더라도, 만약 거트루드가 없었다면 지금과 같은 화려한 꽃을 지닌 초본식물의 발달을 보기 힘들었을 것이 분명하다.

헤스터콤 정원에서 배우는
가든 디자인 원리

헤스터콤 정원(Hestercombe House & Garden)은 거트루드와 그녀의 파트너였던 건축가 에드윈 루티엔스가 직접 디자인하고 시공한 정원이었는데 그 모습이 사라졌다 최근 거트루드 당시의 정원 모습으로 복원이 되었다. 거트루드의 디자인은 무려 400여 개가 넘지만 실제로 그 모습 그대로 남아 있는 정원은 매우 드물다. 이유는 식물의 성장과 밀접한 연관이 있다. 거트루드는 식물이 피워내는 색감을 이용하기 위해서 초본식물 위주의 화단을 조성했는데, 초본식물은 그 수명이 거의 대부분 10년 미만인 경우가 많아서 시간이 흐르면서 원형 그대로의 모습을 찾기 힘들어졌고, 더불어 관리에 실패하면서 화단의 형태가 흐트러지는 경우가 많았던 것이다. 하지만 최근 거트루드가 남긴 많은 서적과 도면을 바탕으로 그녀의 식물 디자인이 재현되고 있고, 그 가운데 영국 남서 지방에 위치한 헤스터콤 정원이 있다.

디자인 원리 1 **건축적으로 가두되, 식물은 자연스럽게 펼친다**

거트루드의 가든 디자인은 대부분 그의 파트너 루티엔스에 의해 만들어졌다. 루티엔스는 거트루드의 주문에 따라 정원을 직선과 원, 삼각형 등으로 가르거나 모아서 식물 심을 자리(화단)와 사람이 걸어다닐 수 있는 장소(오솔길, 산책로)를 정확하게 구분 지었다. 이런 디자인은 자칫 딱딱하고 지나치게 닫힌 듯한 느낌을 줄 수 있는데, 여기에 거트

쭉 뻗은 직선의 수로 디자인. 양 옆으로 화단을 만들어 대칭의 구도를 만들었다. 하지만 여기에 식물을 풍성하게 흘러 넘치도록 구성해 딱딱한 대칭의 디자인을 풀어주고 있다.

루드는 꽃이 화려한 초본식물을 한데 흘러 넘치게 심어 그 경계선이 부드럽게 뭉개지는 듯한 느낌을 만들었다. 결국 틀 안에 식물을 가두기는 했지만, 식물 스스로가 그 틀을 살짝 넘어갈 수 있도록 함으로써 자연스러움과 인공적인 건축 느낌이 충분히 조화를 이룰 수 있도록 구성한 셈이다. 이 디자인의 최대 장점은 지나치게 많은 꽃을 사용하는 단점을 극복함과 동시에, 꽃이 지고 난 후 화단이 비어 있을 때에도 정확한 구획 정리로 정원의 레이아웃 자체가 흐트러지지 않는다는 것이다.

디자인 원리 2 ▏ 식물의 색감을 최대한 활용하라

화가였던 거트루드는 누구보다 색채에 민감했다. 그녀는 식물이 지니고 있는 꽃과 잎, 줄기의 색을 이용해 차가운 느낌, 따뜻한 느낌 등으로 구별하고 여기에 맞게 식물을 그룹으로 심는 방식을 택했다. 문제는 꽃이 피는 시기가 서로 다를 수 있다는 것인데, 거트루드는 이 부분에 있어서도 계절별로 다른 꽃이 올라올 수 있도록 식물을 시간적으로 안배했다. 이 방식은 지금도 영국을 비롯해 유럽에서 화단 조성의 교과서처럼 여겨진다. 이런 식물 디자인을 하려면 식물에 대한 성장과 주기 등의 과학적 공부가 바탕이 되어야 함은 물론이다. 거트루드는 누구보다 식물에 대한 지식과 노하우가 많았던 사람으로, 디자인을 할 때에도 식물에 대한 그녀의 지식이 큰 역할을 했다는 것을 알 수 있다.

디자인 원리 3 ▏ 질감으로 식물 디자인하기

거트루드는 '곱다', '성글다', '가늘다', '굵다'와 같은 식물의 질감을 가든 디자인에 이용하는 것을 좋아했다. 꽃과 잎이 작은 식물은 한꺼번에 뭉쳐놓으면 고운 면직물 혹은

돌이나 벽돌로 쌓은 담장은 정원의 필수적인 요소다. 거트루드는 이런 딱딱한 재료(건축적 재료) 위에 덩굴식물을 올려 딱딱함과 부드러움을 조화시키는 디자인을 시도했다.

비단결처럼 곱다는 느낌을 받게 되고, 선이 굵직한 식물을 모아 심으면 시원하면서도 무게감이 있는 정원 연출이 가능해진다.

식물은 잎과 꽃에 고유의 색상을 지니고 있다. 이와 마찬가지로 식물마다 지니고 있는 고유의 질감도 매우 다르다. 질감이라는 것이 잘 이해가 되지 않는다면 '성글다', '곱다'로 표현을 바꾸어도 좋을 듯하다. 잎이 크고 넓적한 식물이 무리지어 있다면 여기에는 분명 '성글다'는 표현이 적합하다. 그러나 잎이 코스모스처럼 가늘고 얇다면 이 경우는 '결이 곱다'라고 할 수 있다. 바로 이런 느낌으로 식물의 질감을 표현하는 것인데, 거트루드는 키가 크고 잎이 크며 성근 느낌을 주는 식물과 잎과 꽃이 작고 가늘고 얇게 느껴지는 질감으로 식물을 구별하고, 때로는 대조되게 이웃하여 심는 방법으로, 때로는 같은 느낌을 묶어 그 효과를 더욱 극대화하는 방법으로 정원을 디자인했다.

디자인 원리 4 | 정원을 나누고 특화시킨다

거트루드의 가든 디자인의 핵심은 역시 꽃의 색감을 이용한 화단 구성이지만, 그녀가 화단 디자인에만 집중했던 것은 아니다. 그녀는 큰 나무를 무리지어 심어 숲 속 분위기를 연출하는 숲 속 정원(woodland garden), 건물과 인접해 있는 테라스를 이용한 테라스 가든(terrace garden) 등 장소에 적합한 다양한 형태의 정원 스타일을 만들어냈다. 거대한 정원을 하나의 도화지로 생각하고 그 안에 모든 것을 넣으려고 했던 기존의 디자인에서 벗어나, 장소가 지니고 있는 특징을 살려 때로는 나무만을 사용하고, 때로는 꽃만을 이용하는 등 하나의 정원 안에서도 다양한 크고 작은 여러 개의 정원이 존재할 수 있도록 공간을 구성한 방식은 후에 '방(room)'의 개념으로 발전해 시싱허스트 정원, 히드코트매너 정원에서 꽃을 피운다.

디자인 원리 5 | 건축물과 식물의 조화

건축가 에드윈 루티엔스에게 거트루드는 위대한 스승이었지만, 거트루드 자신도 루티엔스 없이는 그 많은 업적을 남길 수 없었을 것이다. 그만큼 이 두 사람의 결합은 환상

건물이 높은 곳에 위치하고 정원을 아래로 떨어뜨려 선큰으로 구성하는 방법은 전형적인 르네상스 이탈리아 정원의 양식이다. 이때 건물에 딸린 마당에서 아래 정원을 감상할 수 있는데 이곳을 '테라스'라고 부른다. 테라스는 땅의 격차 때문에 2미터가 넘는 담장이 들어서게 되는데 거트루드는 이 담장을 지역에서 나오는 돌을 한 켜씩 공예적으로 쌓게 하고, 이 틈에 식물 심어 담장과 식물이 함께 어우러지도록 정원을 구성했다.

에드윈 루티엔스가 지은 건물과 파빌리온. 거트루드는 계단에 일부러 틈을 내고 식물이 파고들도록 디자인했다. 담장을 타고 있는 매그놀리아와 그 아래 수국의 성근 느낌이 계단 밑을 촘촘히 채우고 있는 멕시칸데이지의 고운 느낌과 대비를 이룬다.

적이었는데, 루티엔스가 남성적인 느낌이었다면 거트루드는 여성적이었고, 그가 딱딱하고 무거운 건축적 재료를 사용해 정원에 무게감을 주었다면 그녀는 그곳에 부드러운 식물을 얹어 딱딱함을 감쌀 수 있도록 만들었다.

　헤스터콤 정원에는 담장, 퍼고라, 계단 등 건축적 요소가 매우 많다. 자칫 이것만으로는 정원이 무거워질 수 있는데, 거트루드는 식물이 담장 사이에서 피어나게 하거나, 계단 옆에서 꽃을 피우고, 장미와 등나무가 퍼고라의 지붕을 덮게 하는 식으로 식물과 건축물의 조화를 만들어냈다. 그녀는 정원 예술의 완성 자체를 식물과 인간의 영역인 건축물과의 조화로 보았다. 그런데 이때 건축물은 단순한 집 짓기가 아니라 앞서 언급한 것처럼 석공의 정성으로 한 줄 한 줄 쌓은 돌담, 장인의 손길이 느껴지는 퍼고라의 장식 등 공예적 요소에 방점을 두었다. 바로 이런 점이 거트루드와 루티엔스의 정원에서 맛 볼 수 있는 아트앤드크래프트 정원의 묘미라고 할 수 있다.

테라스 담장에 장식된 반원형 분수와 연못. 거트루드에 의해 구성된 담쟁이 덩굴이 자연스럽게 딱딱한 돌의 재료를 감싸고 있다. 가든 디자인의 진정한 멋은 식물 그 자체로서가 아니라 인간이 만들어내고 있는 것들과 얼마나 조화롭게 어우러지는가에 있음을 거트루드의 디자인을 통해 잘 알 수 있다.

가든 디자인 역사에 획을 긋다

거트루드 지킬이 살았던 시기는 클로드 모네, 고흐, 고갱 등 후기 인상주의 화가가 활동했던 시기와 일치한다. 문화는 어느 하나가 도드라지게 부각되는 것이 아니라 문학, 미술, 철학 등이 하나의 덩어리가 되어 서로에게 영향을 주며 함께 나아간다. 시시각각 빛의 변화에 민감했던 인상주의의 시선은 정원에서 더욱 빛을 발했다. 살아 있는 존재인 식물은 하루하루 그 모습을 달리하고, 꽃과 잎의 색은 그날그날에 태양의 각도와 기울기에 따라 달라진다. 거트루드는 이런 식물의 세계를 열심히 탐구했고, 자신의 노하우를 가든 디자인에 녹여 내기 위해 노력했다.

만약 그녀가 없었더라면 우리는 아직도 꽃이 얼마나 아름답게 우리의 정원을 장식할 수 있는지를 몰랐을 것이고, 육중한 건물이 정원과 얼마나 조화롭게 나란히 설 수 있는지에 대한 노하우도 터득하기 힘들었을 것이다. 그래서 그녀가 떠난 지 많은 시간이 흘렀지만 아직도 우리가 그녀의 가든 디자인에 열광하고 있는지도 모른다.

가든 디자인의 발견

✳ 퍼고라

퍼고라는 아주 간단하게는 나뭇가지를 세워 터널을 만들어주는 방식부터 벽돌을 이용해 기둥을 쌓아올리거나 콘크리트, 돌 등으로 재료를 바꿔줌으로써 매우 다양한 연출이 가능하다. 여기에 기둥을 감고 올라탈 수 있는 덩굴식물, 줄장미(*Rosa*), 의아리(*Clematis*), 인동초(*Lonicera*), 등나무(*Wisteria*), 재스민(*Jasminum*) 등을 이용하면 수직의 식물 디자인 연출이 가능하다.

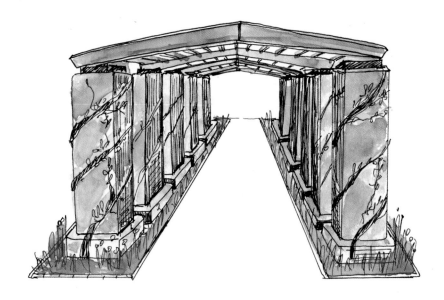

퍼고라는 원래 나무그늘을 빠른 시간 안에 만들고 싶은 열망에서 시작됐다. 큰 나무가 만들어내는 그늘은 수십 년, 수백 년이 걸려야 하지만 구조물을 만들면 쉽게 그늘을 만들어낼 수 있기 때문이다. 기둥 밑에 덩굴식물을 심어주면 지붕까지 덮어줄 수 있기 때문에 완벽한 식물 디자인이 완성된다.

❋ 물길의 연출

물길을 만들어주는 이른바 수로는 연못을 만들 수 없는 작은 공간에도 연출이 가능한 효과적인 물 디자인이다. 물을 연출을 할 때 가장 중요한 것은 방수와 순환이다. 계류의 형태로 물을 계속 흐르게 할 수 있는 상황이 아니라면 펌프 시스템을 만들어 물을 순환시켜야 함을 잊지 말아야 한다. 또 물길이라 해도 깊이가 너무 얕으면 쉽게 물이 썩을 수 있기 때문에 30센티미터 이상의 깊이를 확보해주는 것이 좋고, 물속에서 살 수 있는 수생식물(물창포, 갈대 등)을 심으면 물의 오염을 어느 정도 막을 수 있다.

물은 특정 모양이 없기 때문에 어떻게 담느냐에 따라 그 모양이 달라진다. 원, 직선, 사각형 등 다양한 다각형으로 틀을 잡으면 정갈하고 단순한 느낌이 강조되고, 구불거리는 선으로 물길을 만들면 자연스러움이 강조된다. 전체적인 정원 느낌을 고려해 디자인을 선택하는 요령이 필요하다.

✳ 계단의 연출

땅의 격차가 심하게 발생하는 곳은 계단 연출이 보편적이다. 계단은 매우 다양한 형태로 구성이 가능한데 헤스터콤 정원에 만들어진 것과 같은 중앙에 테라스를 만들고 양 옆으로 계단을 설치하는 방식을 건축적으로는 '스페인 계단'이라고 부른다. 그 외에도 지면 격차를 활용할 수 있는 장치는 매우 많다. 땅의 지면이 높고, 낮게 경사가 심한 땅을 갖고 있다면 다양한 계단 연출을 시도해볼 기회이기도 하다.

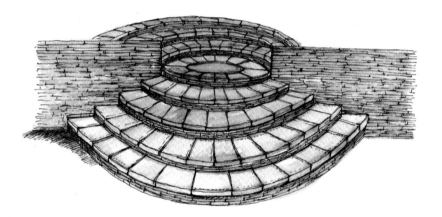

원형으로 구성된 둥근 계단은 에드윈 루티엔스가 즐겨 사용했던 디자인 중 하나다. 지역에서 나오는 돌을 이용해 구상한 디자인으로 마치 공예품을 보는 듯 정교하게 구성돼 있음을 알 수 있다. 계단의 디자인 중요한 가든 디자인의 영역으로 정원에 어울리는 형태와 재료의 사용을 연구해야 한다.

프랑스 파리에서 서북쪽으로 80킬로미터 떨어진 곳에 위치한 정원으로 지역의 이름인 지베르니를 그대로 사용해 모네의 지베르니 정원으로 알려져 있다. 클로드 모네는 기차를 타고 다니며 시골 풍경의 지베르니를 점찍어두었고, 1890년 땅을 구입해 건물과 정원을 완성했다. 정원은 건물과 함께 있는 앞 정원과 연못이 조성되어 있는 길 건너편의 정원으로 분리되어 있다. 마치 모네의 인상주의 그림을 보듯 화려한 색채 정원의 진수를 보여준다.

5

"인상주의 화가의 정원"
색과 빛의 디자인

지베르니 정원 디자인
Giverny Garden

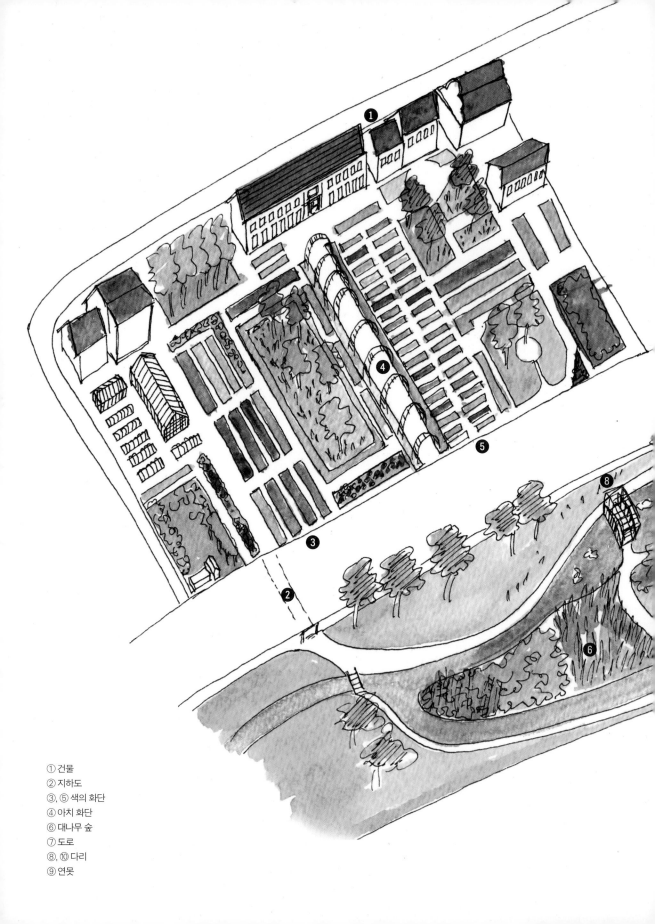

① 건물
② 지하도
③, ⑤ 색의 화단
④ 아치 화단
⑥ 대나무 숲
⑦ 도로
⑧, ⑩ 다리
⑨ 연못

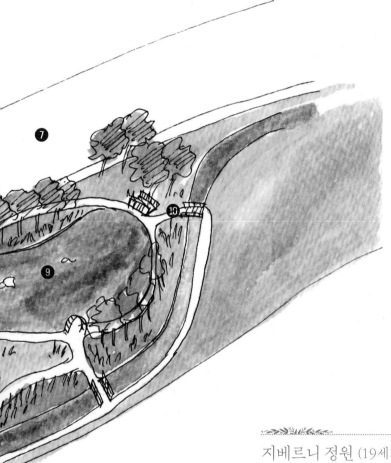

지베르니 정원 (19세기 말, 20세기 초)

디자이너: 클로드 모네
정원타입: 인상주의 화폭과 같은 색과 빛의 정원

· 화가 클로드 모네가 화폭에 담기 위해 만들어놓은 꽃의 색감으로 연출된 화
  단이 압권.
· 아치, 식물 지지대 등을 이용한 수직의 식물 디자인.
· 길 건너 연못 정원은 건물이 없이 정원 자체가 주인공이 될 수 있도록 구성
  되었다. 화려한 색의 정원이 아니라 대나무, 버드나무, 수련 등을 이용해 초
  록 색감과 동양적 느낌이 가득하다.

지베르니 정원 속 가든 디자이너

클로드 모네 Claude Monet(1840~1926)

후기 인상주의를 대표하는 프랑스 화가이자 정원사. 파리 인근의 지베르니 지역에 자신의 정원을 마련하고 모네식 색채의 정원
을 조성했다. 영국 거트루드 지킬의 영향을 받은 것으로 알려져 있다. 수련과 일본식 다리가 있는 연못 정원 등 그림 속에 지베르
니 정원의 모습이 담겨 있다.

인상주의를 대표하는 화가 중 한 사람인 클로드 모네. 그가 살아 있을 당시 파리에서 북서쪽으로 1시간 남짓 떨어진 노르망디 지역에 위치한 지베르니(Giverny) 정원에는 손님들이 끊이질 않았다. 모네의 이름 앞에는 '화가'라는 명칭이 붙어 있지만, 그를 아는 당시 사람들은 모네를 '정원사'라 부르는 데 망설임이 없었다. 모네는 그림 만큼이나 정원에 대한 열정으로 자신만의 감각으로 정원을 디자인했던 가든 디자이너이자 정원사였다.

클로드 모네가 처음 정원에 관심을 보인 것은, 풀과 나무를 그리고 싶은 마음 때문이었다. 하지만 그는 말년 "식물의 색감을 화폭에 그려내는 것은 불가능하다"는 말로 그 어떤 색감으로도 식물의 아름다움을 대신할 길이 없음을 시인했다.

지베르니 정원은 1883년 마흔세 살의 나이로 장만한 클로드 모네의 집이었다. 모네는 죽는 날까지 이곳에서 정원을 가꾸고, 그 정원의 풍경을 화폭에 담는 일을 멈추지 않았다.

지베르니 정원 디자인

171

1883년 마흔세 살의 나이로 장만한 클로드 모네의 집과 정원, 지베르니. 모네는 죽는 날까지 이곳에서 정원을 가꾸고, 그 정원의 풍경을 화폭에 담아냈다.

지베르니 정원의 탄생

모네가 지베르니라는 곳에 관심을 갖기 시작한 것은 화가로서 유명세를 타기 전이었다. 그는 파리에서 기차를 타고 지베르니를 지나칠 때마다 만약 큰돈을 번다면 이곳에 자신의 집을 짓겠노라 결심하고는 했다. 조급했던 모네는 아직 땅을 마련할 여력도 없이 무작정 그곳에 세를 얻어 살기 시작했고, 드디어 몇 해 지나지 않아 자신이 열망하던 농가주택을 구입하게 된다.

모네가 지베르니 정원에 이렇게 욕심을 낸 것은 작지만 아름다운 지베르니 마을의 경관 때문이었다. 모네의 계획은 처음부터 건물보다는 정원의 완성에 있었다. 처음에는 도로를 사이에 두고 윗부분의 땅만 소유했지만, 후에는 길 건너편의 땅까지 구입해 그곳에 거대한 연못을 조성하고 다리를 놓아 정원을 만들었다. 이 도로 건너편의 땅이 훗날 모네의 대표작으로 언급되는 19폭짜리 대형 그림 〈수련(Water lily)〉의 배경이 된 곳이다.

시시각각 빛에 의해 변화하는, 찰나의 순간을 잡다

"색은 하루 종일 나를 집착하게 하고, 즐겁게 하고, 그리고 고통스럽게 한다."

모네가 한 이 말이야말로 그의 그림과 정원을 이해하는 키워드가 될 듯하다. 모네뿐만 아니라 인상주의 화가들은 빛을 그리는 사람들이었다. 이전의 화풍이 대부분 실내 공간에서 정지되어 있는 사물을 그리는 정물화나 신화, 종교화에 머물렀다면 인상주의 화가들은 야외용 이젤과 물감, 캔버스를 들고 밖으로 나섰다. 실내 공간의 인위적으로 구상된 조명에 의해 만들어낸 빛과 자연 상태 그대로의 색감은 분명 달랐다. 인상주의 화가들은 아침 해가 떠오르고 지는 순간까지 시시각각 빛에 의해 세상의 색이 달라지고 있음에 집중했고, 그 찰나의 색을 잡으려고 노력했다.

모네의 경우도 마찬가지였다. 모네는 다른 인상주의 화가들보다 좀 더 적극적으로 그 빛을 잡기 위해 정원이라는 공간을 생각했다. 정원에서라면 그는 언제든 자신이 원하는 색감을 잡을 수 있다고 믿었기 때문이다.

1 · 클로드 모네, 〈흰색 수련 연못〉1899년, 캔버스에 유채, 89x93cm, 푸슈킨
   미술관 소장.
2 · 클로드 모네, 〈화가의 지베르니 정원〉1900년, 캔버스에 유채, 81x92cm,
   오르세 미술관 소장.
3 · 클로드 모네, 〈정원 길〉1902년, 캔버스에 유채, 92x89cm, 오스트리아 미
   술관 소장.

지베르니 정원에서 배우는
가든 디자인 원리

"내가 유일하게 잘하는 두 가지는 그림 그리는 일과 정원 일이다." 모네의 이 말은 그에게 그림 그리는 일과 정원 일이 한 가지였음을 짐작하게 한다. 모네는 종종 자신이 정원 일에는 재능이 없다고 말했지만, 그는 하루 종일 정원에서 소매 없는 옷을 입고 구릿빛으로 그을린 팔로 땅을 뒤집고, 식물을 심었다. 장기 출장길에 오를 때 정원사에게 남겼다는 다음의 메시지는 그가 얼마나 정원 일에 해박한 지식과 열정이 가득했는지를 말해준다.

"대략 300화분 정도의 양귀비꽃과 60화분 정도의 스위트피 씨를 뿌려주시고, 화분에 블루 세이지와 파란색 수련을 심어주세요. 그리고 온실에서 키우고 있는 달리아와 수련은 이제 땅에 심어주시고 달리아는 심은 지 보름쯤 됐을 때 새잎이 막 올라오면 그걸 잘라서 온실에서 다시 재배시켜주세요. 아 참, 그리고 백합 구근에 대해서도 준비를 서둘러주세요."

이렇게 철저하고 구체적인 작업 지시를 할 정도의 사람이었다면, 전문 정원사의 수준을 이미 넘어섰다고 봐야 할 것이다. 그렇다면 정원사 클로드 모네가 디자인한 정원은 어떤 모습일까?

지베르니 정원의 화단. 노란색으로 대부분을 채운 뒤, 그 안에 빨강과 주황색의 포인트를 더해 감각적인 보색 대비를 선보이고 있다.

디자인 원리 1 **색의 대비를 통한 감각적 연출**

모네는 자신의 그림에서나 정원에서나 색에 대한 집착과 열정이 가득했다. 모네가 지베르니 정원에서 중점적으로 구사한 식물의 디자인 방식은 '무리 지은 덩어리' 색채 만들기 기법이다. 그는 색상을 혼합시키는 것보다는 베이스가 되는 중심 색상으로 거의 80퍼센트 이상을 채우고 그 바탕 위에 보색의 대비가 되거나 혹은 강조가 되는 색상을 포인트로 채우는 방식을 썼다. 모네의 이런 방식은 그가 남긴 메모 속에도 잘 나타나 있다.

"모노톤의 색감을 하나의 덩어리로 심으면 강조의 효과가 뛰어나다. 여기에 보색의 색감을 교차시키며 섞어주면 감각적인 연출이 가능해진다."

디자인 원리 2 | 꽃의 시간을 디자인하다

클로드 모네는 생의 대부분 동안 실내 공간이 아닌 밖에서 그림을 그렸던 사람이다. 그렇기 때문에 그는 식물이 사계절 동안 어떻게 변화되는지를, 특히 그 색감의 변화를 너무나 잘 알고 있었다. 봄에 심어놓은 수선화와 튤립은 여름이 되면 당연히 꽃이 지고 시들어 정원에 생기가 사라진다. 이런 단점을 막기 위해 그는 꽃이 피는 시간을 계산했고, 그것을 디자인에 반영했다.

예를 들면 봄에 피는 식물 옆에 여름에 꽃을 피우는 식물을 심고, 그 뒤편에 가을에 꽃을 피우는 식물을 심는 방식이었다. 하지만 이것만이 전부는 아니었다. 모네는 같은 수선화라고 해도 수종에 따라 피는 시기가 조금씩 다르다는 점, 같은 달리아라고 해도 언제 심어주었느냐에 따라 꽃을 피우는 시기가 달라질 수 있다는 점을 이용해, 2주 간격으로 식물을 심어 그 지속성이 봄부터 여름까지 한결같도록 준비했다.

더 놀라운 것은 이런 시간의 계산을 계절적으로만 했던 것이 아니라, 하루 동안에도 아침에 꽃을 피우는 식물, 아침이슬을 맞으면 더 아름다울 수 있는 식물, 저녁 햇살에 색감이 더 화려한 식물 등 하루의 시간표에 따른 식물 구성까지도 생각해 정원을 디자인했다는 점이다.

분홍의 느낌으로 통일된 화단. 화단 안을 자세히 들여다보면 달리아, 글라디올러스, 고우라, 크로코스미아 등 여름에 꽃을 피우는 식물들이 다양하게 심겨 있음을 알 수 있다.

" Joker Light Blue "

"Karat Blue"

"Alpha Violet
et Blanc"

"Eclips"

"Feeling Blanc" à
macules

"Joly
Joker"

"Impression Matisse"

Viola "Angel
Tiger Eye"

Viola
"Angel Rouge"
à macules.

모네의 정원에서 다양하게 시도된 팬지(pansy)의 종류.

바닥에 무리지어 심긴 한련화와 그 위를 장식한 아치의 모습. 모네의 정원은 그가 죽은 후 훼손이 심각해지다 1980년에 이르러 다시 지금의 모습으로 복원되었다. 모네 시절에는 이곳 장미덩굴이 촘촘히 아치를 뒤덮어 분홍색과 빨강색의 장미꽃을 화려하게 피웠다. (지베르니 정원은 현재도 원래 모습 그대로의 복원 작업을 지속적으로 진행 중이다.)

디자인 원리 3 **다양한 색과 수종의 개발**

모네의 색에 대한 집착은 대단했다. 그는 식물이 다른 종과 서로 만났을 때 예상치 않았던 돌연변이가 탄생하고, 이로 인해 지금까지 없었던 새로운 색감의 꽃이 피어날 수 있다는 것을 과학적으로 알고 있었다. 때문에 모네와 그의 정원사 팀의 노력은 기존의 식물을 사와 심는 것에 머무르지 않았다. '접목'이라는 상당히 전문적인 원예기법을 이용해 다른 식물을 접붙여 새로운 수종을 만드는 일도 모네의 정원에서는 흔히 일어나는 일이었다.

모네는 이런 작업을 통해 기존의 식물 시장에서 볼 수 없었던 새로운 색감, 새로운 모양의 식물을 만들어내는 일에 큰 보람을 느꼈다. 이로 말미암아 그의 정원은 어디에서나 볼 수 있는 단순한 식물의 배열이 아니라 진하기와 연하기, 어둡기와 밝기 등으로 같은 색감이지만 수백 가지의 다른 색이 혼합돼 있는 광경이 연출되었다. 물론 모네는 이런 정원의 느낌을 매일매일 그의 화폭에 담아냈다.

디자인 원리 4 **높낮이를 디자인에 반영하여 단조로움을 피한다**

모네가 좋아했던 식물은 대부분 화려한 색감을 자랑하는 1년생 초본식물이거나 혹은 다년생 초본식물들이었다. 그런데 이런 초본식물의 특징은 키가 아무리 커도 1미터 미만이라는 것이다. 결국 이들 초본식물로만 구성된 정원은 아무리 화려해도 식물 전체가 마치 카펫이 깔린 것처럼 아래로만 펼쳐져 볼륨감이 없게 된다.

이런 수평적 단조로움을 피하기 위해 모네는 덩굴식물을 이용했다. 아치, 퍼고라, 지지대 등으로 일정한 구조를 만든 후 그 위에 화려한 꽃을 피우는 덩굴장미, 등나무 등을 올려 밑으로만 집중되어 있는 색감이 위로도 이어질 수 있도록 시선을 끌어올렸다.

디자인 원리 5 **동양 정원의 영향**

모네는 당시 인상주의 화가들 대부분이 그러했던 것처럼 동양 문화, 특히 일본 문화에 푹 빠져 있었다. 그들은 직접 일본과 중국을 방문하기도 했고, 또 일본의 판화와 그림을

모네의 정원은 엄청난 양의 식물이 가득하다는 것이 큰 특징이다. 그러나 더 자세히 들여다보면 각기 다른 식물이 조화롭게 섞여 있음을 알 수 있다. 같은 수종도 심는 시기를 조절하거나 접목 등을 통해 세상에 없는 식물의 색감을 만들어냈기 때문이다.

길 건너편의 정원. 지하 차도를 건너면 또 다른 모네의 정원이 등장한다. 입구에 촘촘히 대나무를 심어 정원 안쪽의 모습을 단단히 은폐하고 있어 신비감을 더한다.

멀리 모네의 초록색 다리가 보인다. 이 다리는 서로 마주 보고 있어서 어느 쪽에서도 비슷한 풍경을 만날 수 있다. 다리 위를 덮고 있는 퍼고라에는 등나무가 그 옆으로 거대한 버드나무가 잎을 늘어뜨리고 있다. 모든 나무가 우리에게 익숙한 수종들이며, 연못과 다리의 배치 등이 일본 정원에서 영향을 받았음을 그대로 보여준다.

통해 동양의 문화를 터득하면서 정원에도 동양의 정서를 반영했다.

지베르니 정원의 도로 건너편에 조성된 연못을 끼고 있는 정원은 한눈에 봐도 동양의 느낌이 완연하다는 것을 알 수 있다. 대나무, 철쭉과의 식물(*Rhododendron*), 작약과 식물(*Peony*), 등나무, 벚나무, 버드나무, 단풍나무 등 이곳을 채우고 있는 수종만 보아도 정확하게 우리의 식생과 일치한다. 사실 모네는 화가로서 가든 디자인을 특별히 배우지 않았지만(기록에 따르면 당시 모네는 영국의 거트루드 지킬의 가든 디자인에 크케 영향을 받았던 것으로 알려져 있다), 정확하게 동양 정원의 디자인적 특징을 잡아내 지베르니 정원에 도입했다.

디자인 원리 6 **주변 경관의 활용**

지베르니는 강을 끼고 형성된 작은 마을이었다. 이곳에 정원을 만든 모네는 주변을 흐르는 물길을 가져와 자연스럽게 방향을 틀어 자신의 땅으로 들어오게 한 뒤, 연못에 잠시 머물렀다 다시 흘러갈 수 있도록 만들었다. 이는 우리의 전통 정원에서 볼 수 있는 특징을 그대로 적용한 것으로, 주변 경관을 빌려오는 동양 정원의 특색이 반영됐음을 알 수 있다.

디자인 원리 7 **막고, 틔우고, 구불거리고**

서양 정원과 동양 정원의 가장 확연하게 다른 점 중 하나는 공간의 배치 감각이다. 서양의 정원은 주로 전망용으로, 건물의 높은 곳에서 한눈에 다 내려다보이는 풍경 연출, 혹은 한자리에 서서 멀리 수평선 지점까지 이어지는 축의 힘을 보는 것이 큰 특징이다. 반면 동양의 정원은 보이지 않게 입구를 막아 작은 문을 열어주고, 그러다 다시 너른 공간이 나타나지만 담장으로 시선을 살짝 감추며, 길은 직선이 아니라 구불거려 가까이 있는 듯하지만 결코 쉽게 다가갈 수 없게 하는 복합성을 띠고 있다. 모네는 후에 만든 길 건너편의 정원에서 이런 동양 정원의 디자인적 특징을 자신만의 미적 감각으로 재해석해 아주 아름답게 연출해놓았다.

for the Thinking Gardener

정원을 얼마나 사랑하고 있는가?

"정원은 나의 가장 아름다운 명작이다." 모네 스스로가 한 말이다. 그는 화가로서 평생을 살아왔지만 말년에 결국 자신의 최고 명작을 그림이 아니라 정원이라고 말했다. 그가 남긴 말 중에는 이런 부분도 있다. "사람들은 내 그림에 대해 토론하고, 마치 그것을 이해해야 한다는 필요성에 의해 내 그림을 이해하는 척 하기도 한다. 그러나 정말 필요한 것은 그냥 사랑해주는 것이다."

이 말 속에는 그가 만든 정원도 분명히 포함이 된다. 얼마나 정원을 사랑하고 있는가, 그 안에서 내가 얼마나 행복할 수 있는가. 그것이 우리가 정원을 만드는 목적이고, 모네가 꿈꿨던 정원의 세계가 아니었을까?

❋ 구조물의 디자인

모네는 자신의 집으로 들어가는 입구를 나무(각목) 혹은 쇠를 이용해 틀을 만들어 수직, 수평의 꽃밭을 연출했다. 식물을 혼합해서 심게 되면 어수선함을 피하기 힘들어진다. 이럴 때 나무나 쇠 등으로 구조를 만들어 식물을 그 구조물에 붙여 기르거나 틀 안에 가둘 수 있게 하면 정갈한 정리가 가능하다. 이때 구조물 역시도 디자인의 요소로 끌어들여 구조적 아름다움이 연출될 수 있도록 디자인되어야 한다.

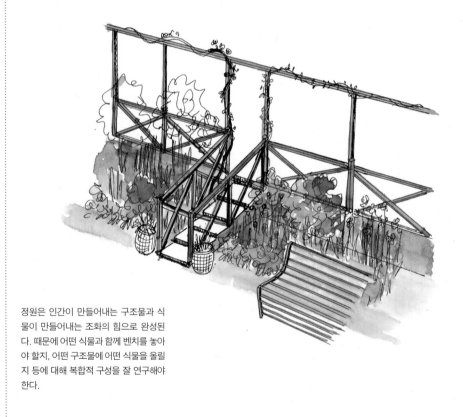

정원은 인간이 만들어내는 구조물과 식물이 만들어내는 조화의 힘으로 완성된다. 때문에 어떤 식물과 함께 벤치를 놓아야 할지, 어떤 구조물에 어떤 식물을 올릴지 등에 대해 복합적 구성을 잘 연구해야 한다.

❋ 물과 다리의 디자인

물을 디자인할 때는 반드시 물만을 염두에 두어서는 안 된다. 물은 물 위의 대상을 그대로 다시 보여주기 때문에 물 위에 무엇을 두어야 할지, 그것이 물속에 다시 비춰져 어떤 효과를 만들어낼지를 머릿속에 잘 그려야 한다. 모네는 연못의 가장 자리에 초록의 목조 다리를 만들었는데 그 다리의 모양을 일본 정원에서 본떠왔기에 '일본 다리'라 부른다. 다리 양쪽 옆으로 모네는 물가에서 잘 자라는 수양버들을 심어 다리와 식물의 결합을 완벽하게 만들어냈다.

수생식물 디자인은 어떤 식물이 물속에서 생존 가능한지에 대한 공부로부터 시작된다. 물속에 사는 식물은 크게 물 위에 떠서 사는 식물, 뿌리만 물속에 두고 잎과 꽃을 물 위로 올리는 식물, 아예 물속에 뿌리와 줄기를 다 담그고 물 위로 잎만 올리는 식물로 구별된다. 이렇게 식물의 특성을 잘 파악한 뒤, 물과 함께 디자인을 하게 되면 아름다운 물의 정원을 완성할 수 있다.

❋ 식물 지지대의 연출

키가 큰 초본식물은 잔바람에도 부드러운 가지가 꺾인다. 이를 방지하기 위해 식물 지지대를 보강해주는데, 때로는 이 기능적인 지지대 자체가 정원에 조각물과 같은 역할을 하기도 한다. 단순히 식물을 지지하는 역할에서 벗어나 다양한 모양과 형태를 연구해 설치해둔다면 식물의 꽃과 잎이 진 후 겨울에도 정원의 모습을 잡는 데 큰 역할을 할 수 있다.

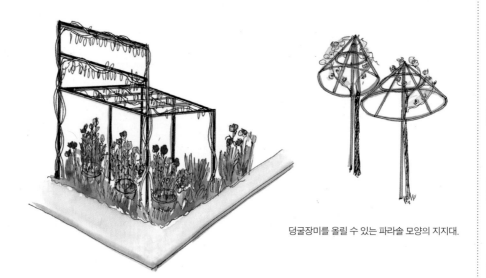

덩굴장미를 올릴 수 있는 파라솔 모양의 지지대.

등나무와 같은 덩굴식물을 올릴 수 있는 사각의 틀.

✳ 아치의 연출

퍼고라가 일종의 터널 형식으로 식물이 올라탈 수 있도록 만든 장치라면 아치는 터널처럼 길지 않으면서 대신 반원형으로 지붕을 구부려 만든 식물 지지대를 말한다. 그러나 아치는 단순히 식물을 키우는 지지대 역할을 뛰어넘어 문이나 공간의 구별, 그리고 정원 속에서 눈길을 끌게 하는 포인트가 되어주기 때문에 디자인적으로 정원의 전체 느낌을 살려줄 수 있는 디자인이어야 한다. 아치는 벽돌, 철, 나무 등 다양한 소재를 선택할 수 있다.

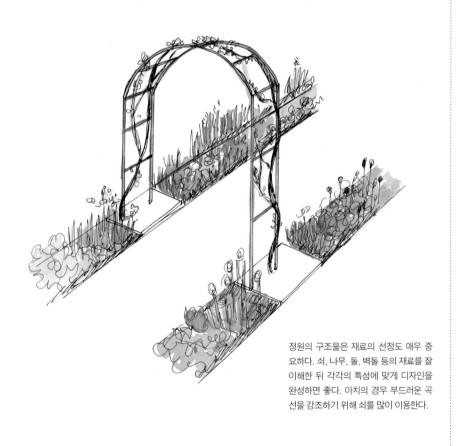

정원의 구조물은 재료의 선정도 매우 중요하다. 쇠, 나무, 돌, 벽돌 등의 재료를 잘 이해한 뒤 각각의 특성에 맞게 디자인을 완성하면 좋다. 아치의 경우 부드러운 곡선을 강조하기 위해 쇠를 많이 이용한다.

영국 글로스터셔에 위치한 히드코트매너 정원은 아트앤드크래프트 정원의 대표적인 작품으로 평가받는다. 1900년 로렌스 존스턴과 어머니가 저택을 사들이며 미국에서 이주해왔고 이후 로렌스 존스턴에 의해 40여 년 동안 디자인과 조성이 완성됐다. 거트루드 지킬의 영향을 강하게 받았지만 그녀를 뛰어넘는 예술 감각으로 정원을 조성해, 공개했을 때 영국인들의 극찬을 받았다.

6

"아트앤드크래프트 정원의 절정"
식물을 이용한 예술 공간 연출

히드코트매너 정원 디자인
Hidcote Manor Garden

① 긴 잔디 광장
② 스트림 정원
③ 색의 화단
④ 기둥 정원
⑤ 둥근 연못의 밤
⑥ 잔디 광장
⑦ 붉은 화단
⑧ 화이트 정원
⑨ 건물

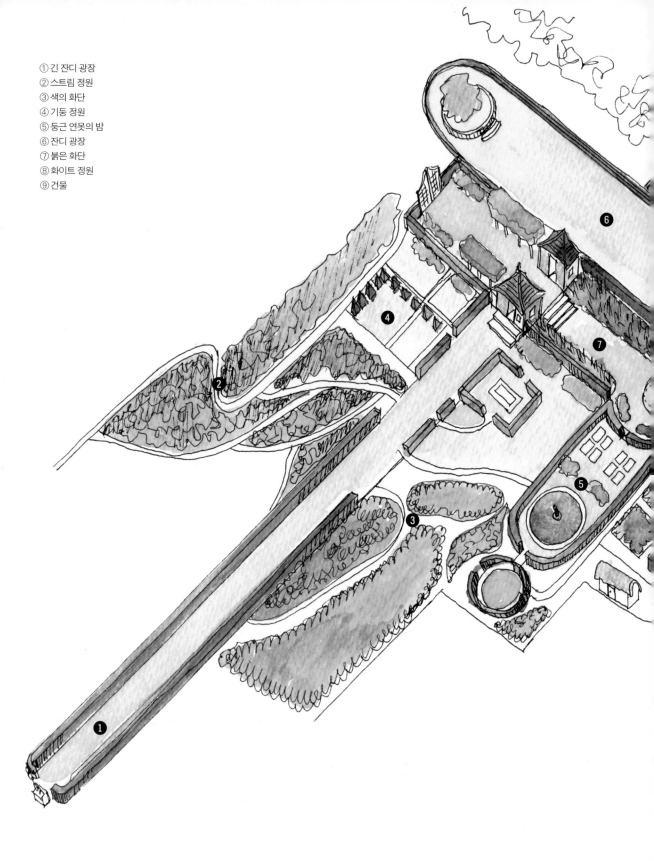

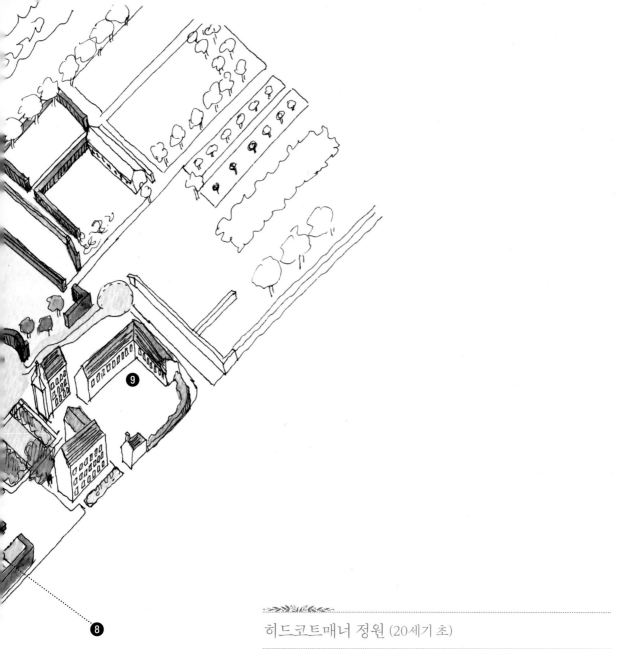

히드코트매너 정원 (20세기 초)

디자이너: 로렌스 존스턴
정원타입: 아트앤드크래프트 정원

· 식물 디자인에 해박한 지식을 지닌 로렌스 존스턴이 직접 연출한 정원.
· 정원을 방의 개념으로 해석한 혁신적인 디자인을 선보임.
· 식물을 형태, 색감, 구조물로 다양하게 연출한 식물 디자인의 진수를 볼 수 있는 곳.
· 딱딱한 건축적 재료를 쓰지 않고 주목나무, 너도밤나무, 회양목 등을 이용해 식물을 구조적으로 사용.
· 숲 속 개울을 연상시키는 정원에서 주목나무로 벽과 문을 구성한 연못 정원에 이르기까지 식물의 특성과 장소에 맞게 자유자재로 구성 연출.

로렌스 존스턴 Lawrence Johnstone(1871~1958)

영국의 가든 디자이너, 식물 재배사. 영국의 히드코트매너 정원과 프랑스의 세르 드 라 마돈느(Serre de la Madone) 정원을 조성했다. 로렌스는 프랑스에서 태어났지만 미국인 국적을 지니고 있었다. 후에 영국에서 청소년기를 보냈고 케임브리지 대학을 졸업하며 국적을 영국으로 바꾸었다. 세계 1, 2차 대전 중 군인의 신분으로 전투에 참여도 했으나 회의를 느끼고 전문 정원사로 히드코트매너 조성에만 힘을 쏟았다. 말년 천식으로 영국을 떠나며 정원 전체를 내셔널트러스트 단체에 기증하고 프랑스로 건너가 세르 드 라 마돈느 정원을 다시 조성했다.

'영국인'으로 살았던 미국인 가든 디자이너

로렌스 존스턴을 이해하려면 우선 그의 배경부터 살펴보는 일이 필요하다. 존스턴은 1871년 미국인 부모 밑에서 태어났으며 출생지는 파리였다. 어린 시절을 잠시 파리에서 보낸 그는 청소년기에 영국으로 주거지를 옮긴 뒤, 생애 마지막 10년을 제외하고는 영국인으로 살았다. 미국 국적을 지녔던 존스턴은 케임브리지 대학의 트리니티 칼리지를 졸업할 무렵 아예 국적을 영국으로 바꾸었고, 제1차 세계대전 때는 군인으로 참전하기도 했다. 그러나 전쟁 중 부상을 당해 짧은 군인 생활을 마친 뒤, 집안의 가업을 이으며 20세기 최고의 정원이라고 일컬어지는 히드코트매너 정원(Hidcote Manor Garden)을 디자인하며 살았다.

로렌스 존스턴은 지적 호기심이 강하고 음악, 미술, 스포츠에 이르기까지 다양한 문화 활동을 좋아했던 사람이었다. 특히 여행을 좋아했던 그는 세계 여러 나라, 그중에서도 당시로서는 남들이 잘 가지 않았던 알프스, 히말라야, 중국, 남아프리카공화국의 산들을 탐험하고 다녔다. 그가 이런 탐험을 즐겼던 이유는 식물에 대한 관심 때문이었다.

로렌스 존스턴이 40년에 걸쳐 완성한 히드코트매너 정원. 정원은 큰 나무, 작은 나무 관목, 초본식물에 이르기까지 다양한 식물로 가득 차 있다. 적재적소에 필요한 나무를 지정하고 형태를 잡고, 색채에 따라 디자인을 하는 작업을 식물 디자인이라고 말한다.

그는 산속에서 만나는 희귀종 식물들을 조심스럽게 채집해 자신의 정원 히드코트매너
에 심는 것을 즐겼다.

전설적 히드코트매너 정원의 탄생

히드코트매너 정원은 정원 예술의 진수를 보여주는 공간이다. 다람쥐 모양으로
깎인 2개의 토피어리 기둥은 정원의 방으로 들어가는 입구다. 멀리 보이는 곳에
출구이면서 다른 방으로 이어지는 입구가 보인다. 이 모든 것이 식물로 연출되었
다는 것에 입이 다물어지지 않는다.

로렌스 존스턴의 히드코트매너 정원은 지
금도 가든 디자이너, 식물 디자인을 하는 사
람들에게는 '전설의 장소'로 유명하다. 어
떤 분야든 '원조'가 가지는 의미와 가치는 매
우 중요하다. 현재 영국에는 히드코트매너
를 능가하는 아름다운 정원이 많다. 그러나
1948년 로렌스 존스턴이 자신이 40년 간
가꾸고 디자인한 정원을 내셔널트러스트에
기증하고, 다음 해인 1949년 처음으로 대중
에게 히드코트매너 정원이 공개됐을 때 전
세계는 지금까지 누구도 시도해본 적 없는
엄청난 정원 예술에 입을 다물지 못했다.

물론 충분히 짐작이 가능한 이야기지만, 그 이후 로렌스 존스턴의 히드코트매너 정원
을 흉내내고, 그 콘셉트를 빌려가는 일은 한동안 유행처럼 번질 수밖에 없었다. 그러나
히드코트매너가 가지는 '원조'로서의 가치는 변하지 않으며, 지금도 많은 가든 디자이너
들이 로렌스 존스턴의 히드코트매너에서 영감과 아이디어를 얻고 있다. 지난 2007년에
는 로렌스 존스턴이 내셔널트러스트에 정원을 기증한 지 100주년을 기념하는 작품이
첼시 플라워 쇼에서 선보이기도 했다.

40년간 정원을 디자인하다

로렌스 존스턴은 1907년 그의 어머니가 영국 코츠월드(Cotswolds) 지역에 히드코트

매너라는 주거지를 구입한 것을 계기로, 그곳에 살면서 본격적인 가든 디자인을 시작했다. 지금 이곳은 나무와 꽃, 풀들이 틈이 없을 정도로 풍성하지만, 구입 당시 히드코트매너의 모습은 전혀 달랐다. 양을 키우던 곳이었던 탓에, 방품림이 없어 1년 내내 거친 바람이 몰아쳐, 정원을 가꾸기에는 적합하지 않은 장소였다.

존스턴이 가장 먼저 한 일은 마치 만리장성을 쌓듯 정원 전체를 둘러싸는 생울타리를 만들어 바람으로부터 정원을 막아주는 것이었다. 이때 그가 사용한 울타리목은 참나무(Quercus), 호랑각시나무(Ilex), 서어나무(carpinus), 너도밤나무(Beech), 주목나무(Yew) 등으로 낙엽과 상록수를 골고루 썼으며, 그 길이가 무려 7.2킬로미터에 달했다.

놀라운 것은 그가 만들었다는 생울타리의 엄청난 길이만이 아니었다. 그는 이 생울타리를 만드는 데만 수 년의 시간을 보냈고, 더불어 생울타리의 키가 다 자라 정원의 바람을 막아주는 효과가 어느 정도인지를 직접 확인한 뒤에야 그곳을 채울 식물 디자인을 고민하기 시작했다. 그만큼 그는 자신의 정원이 가진 단점과 장점을 수년 동안 꾸준히 체크하고 연구한 뒤에야 본격적인 디자인을 시작했던 셈인데, 이 점은 모든 것을 빨리, 신속하게 끝내는 것에만 집중하는 우리의 진행 방식에 대해 다시 한 번 생각해보게 한다.

히드코트매너 정원에서 배우는
가든 디자인 원리

존스턴은 가든 디자인에 앞서 무엇보다 식물을 무척 좋아했던 사람이었다. 그는 아직 소개되지 않은 희귀한 식물을 자신의 정원에 가져오기 위해 목숨을 건 위험한 산악 여행까지도 마다하지 않았을 정도로 식물에 대한 지적 호기심이 강했다. 이 점은 로렌스 존스턴의 히드코트매너 정원에도 그대로 반영되어 그의 정원 안에는 다른 곳에서는 발견하기 힘든 꽃과 풀들이 가득했다.

더불어 존스턴은 문학과 예술에도 해박한 지식을 가진 사람이었다. 이런 그의 문화, 예술적 취향은 정원을 디자인하는 데도 큰 영향을 미쳤다. 그는 단순히 자신이 꿈꾸는

바람에 영향을 많이 받는 초화류는 바람을 막아주는 장치가 없이는 풍성한 꽃을 피우지 못한다. 사진의 뒷부분을 보자. 울창한 소나무들이 방풍림으로 들어서 있고, 그 앞으로 다시 높이 3미터 이상의 생울타리가 벽처럼 둘러서 있어 여린 초화류를 잘 보호하고 있음을 알 수 있다.

남북으로 이어진 긴 동선의 축이 정자의 문을 통해 그대로 보인다. 이 축은 이 땅이 지닌 단점일 수 있는 부분을 오히려 극대화시킨 디자인으로, 정원을 좀 더 깊고, 길게, 그리고 볼륨감 있게 만들어주고 있다.

정원을 만드는 데 그치지 않고, 서양 정원의 모태라고 불리는 이탈리아 정원, 프랑스 정원에 대해 공부하고 거기에 식물에 대한 사랑을 더해 지금까지와는 매우 다른 그만의 가든 디자인을 탄생시켰다.

디자인 원리 1 ┃ 남북으로 축을 만들어 시선을 집중시키고 깊이를 창출하다

히드코트매너의 평면도에서 볼 수 있듯이, 이곳 정원은 건물을 동쪽(오른쪽)에 두고 남과 북으로 뚜렷한 축을 구성하고 있다는 것을 알 수 있다. 이 축의 구성은 존스턴이 오랜 시간 동안 땅의 형태를 연구한 뒤 그려낸 것이다. 땅의 모양이 똑바르지 않고 한쪽으로 길게 늘어져 있는 단점을 남북으로 뻗은 축을 이용함으로써 보완하고, 정원 전체를 엄청나게 길고 깊게 보이도록 하는 효과를 연출했다.

디자인 원리 2 ┃ 정원의 공간을 '방'의 개념으로 나누다

정원을 쪼개어 '방'의 개념으로 구성하는 방식은 비타 새크빌웨스트의 시싱허스트 정원(본문 241쪽 참조)에서도 잘 볼 수 있는 요소다. 사실 비타가 이런 디자인을 내놓을 수 있었던 것은 로렌스 존스턴의 앞선 작업이 있었기 때문이다.

정원에 입구와 출구를 만들어 방의 개념으로 구성을 한 뒤 그 안을 다른 주제와 형태로 꾸미기 시작한 것은 존스턴으로부터 본격적으로 시작되었다. 게다가 존스턴은 단순히 덩그러니 방을 여러 개 개별적으로 디자인했던 것이 아니라, 하나의 방을 통과하면 다시 다른 방이 나타나는 식의 '연속성'을 만들었다. 이런 연속성과 각각의 방에 들어섰을 때의 전혀 다른 풍경은 가든 디자인의 가장 중요한 요소 중에 하나인 '비밀스러움'과 '놀라움'을 만들어낸다.

존스턴은 각 방들을 그 주제가 중복되지 않도록 구성했는데 식물의 색감을 주제로 한 화려한 방이 있는가 하면, 마치 단순한 가구 몇 개를 배치한 것과 같은 모던한 방, 연못이 주제가 되는 방 등 여러 개의 방을 만들어 들어가고 나가는 동선을 창출했다.

디자인 원리 3 ┃ 이탈리아와 프랑스 정원의 영향

존스턴은 이탈리아와 프랑스 여행을 많이 했다. 그는 여행을 통해 단순히 여행자의 즐거움만을 느꼈던 것이 아니라, 서양 정원의 모태라고 할 수 있는 이탈리아의 르네상스 정원, 프랑스의 바로크 정원에서 많은 디자인 공부를 했다.

히드코트매너 정원은 당시 영국에 불고 있던 아트앤드크래프트 운동의 영향으로 매우 영국적이라는 생각을 먼저 하게 되지만, 실은 그렇지 않다. 예를 들면 강한 남북의 축을 형성한 부분은 프랑스 바로크 정원에서 영향을 받았고 또 집 가까운 곳은 좀 더 포멀한 디자인(formal design)으로 직선과 기하학적 느낌을 살리고, 집에서 멀어질수록 자연

정원에 만들어진 각각의 방은 출입구를 통해 서로 연결되어 있다. 또한 각 방마
다 다른 주제로 구성되어 있어 보는 이에게 놀라움과 즐거움을 안겨준다.

풍광을 그대로 살린 듯한 디자인을 구사했는데 이것 역시 이탈리아와 프랑스 정원으로부터 영향을 받았다고 봐야 한다. 즉 그의 디자인은 단순히 영국스럽지도, 그렇다고 시골적 낭만으로만 가득한 것도 아닌, 문화적 절충이 아름답게 이뤄져 있음을 알 수 있다.

디자인 원리 4 | 산으로부터 익힌 자연스러움의 디자인

존스턴이 정원을 디자인하는 데 사용하는 많은 요소들은 자연에 대한 이해로부터 시작됐다. 그는 어느 한 나라에 국한되지 않고 전 세계 많은 산들을 탐험, 등반하며 그곳에 살고 있는 식물들의 구성과 생존방식에 깊은 관심을 가졌다.

이런 관찰을 통해 익힌 그의 디자인 감각은 히드코트 내 '윌더네스(Wildernes)'라는 숲의 조성이나 개울을 이용해 만든 '스트림 정원(Stream garden)'에서 잘 나타난다. 그는 최대한 식물에게 원래의 자생지 환경을

아주 자연스러운 모습 탓에 자칫 손을 대지 않은 숲 길처럼 보이지만, 사실 이곳은 가축을 기르던, 나무 한 그루 찾아보기 힘들었던 곳이었다. 여기에 존스턴은 다양한 나무와 초화류를 심어 스스로 자란 듯 자연스러움으로 가득한 정원을 만들었다.

만들어주려 했고, 가능한 한 사람 손에 의해 식물의 형태가 변형되지 않도록 구성했다. 때문에 얼핏 아무 생각 없이 정원을 지나가다 보면 그곳이 존스턴이 디자인한 정원이라기보다는 원래부터 그 자리에 수국이 자라고 앵초가 피어난 것처럼 보여, 오히려 관심을 덜 받게도 된다. 그러나 존스턴의 어머니, 윈스롭 여사(Mrs. Whinthrop)가 농장이었던 히드코트매너를 경매를 통해 처음 구입했을 당시 이곳이 나무 한 그루 찾기 힘든 척박한 땅으로, 가축을 기르던 장소였음을 떠올려보면 존스턴이 이곳에 어떤 디자인을 했는지 명확하게 볼 수 있다.

아트앤드크래프트의 느낌을 전달해주는 정원 속 디자인들. 불규칙적인 돌을 이용해 만든 오솔길의 포장, 기성품이 아닌 장인이 직접 공들여 만든 대문과 벤치, 정자의 유리창 역시도 기성품이 아니라 장인이 직접 만든 수공의 작품이다. 이러한 곳곳의 디테일들이 히드코트매너 정원을 고급스럽게 만들고 있다.

아트앤드크래프트의 정원

존스턴은 이탈리아와 프랑스를 비롯한 세계 여러 나라를 여행하며 그곳에서 배우고 익힌 가든 디자인의 노하우를 히드코트매너에 적용시키는 데 많은 노력을 해왔다. 그러나 역시 영국이라는 터전을 잊지는 않았다. 그는 당시 영국에서 일고 있던 장인의 꼼꼼한 손길로 탄생하는 생활 예술의 운동인 아트앤드크래프트 운동에 대해 깊이 공감하고 있었고, 이를 정원 속에도 적용시키려 부단히 노력했다.

섬세하게 공들인 대문과 문의 쇠장식물들, 독특한 문양의 핸드 메이드 벤치와 직접 구운 벽돌로 구현된 화단, 바닥의 블록 패턴 등, 아트앤드크래프트 운동의 영향을 받은 정원들이 공통적으로 지니고 있는 섬세하면서도 공들인 구성이 히드코트매너의 가치를 조금 더 고급스럽게 보이게 연출하고 있다.

대비의 효과를 통해 정원을 강렬하게!

존스턴의 히드코트매너 가든 디자인의 진수는 바로 대비의 감각이다. 존스턴은 식물 자체가 지니고 있는 구조적 형태와 색감을 이용해 때로는 웅장하게 때로는 부드럽고 낭만적으로 연출했다.

그가 구성한 두 가지의 기둥 정원(The stilt garden, The pillar garden)이나 극장 정원(The theatre lawn)은 식물로 신전의 웅장함을 표현하고 있다. 더하여 이런 웅장함 옆에는 따뜻하고 부드러운 초본식물을 모아 식물의 부드러움을 극대화하고 있음을 잘 알 수 있다.

존스턴은 이탈리아와 프랑스 정원으로부터도 많은 노하우를 가져왔다. 사진에서 보이는 정형적인 기하학적 패턴을 이용한 화려한 정원은 고대 그리스 로마로부터 이어진 서양 정원의 모태로, 히드코트매너 정원에는 시간을 뛰어넘는 다양한 정원 문화가 함께 공존하고 있다.

사진 속의 '기둥 정원'은 나무를 마치 신전의 회랑처럼 줄 세워 심음으로써 건축물 없이도 식물을 이용해 웅장함을 얼마나 잘 표현할 수 있는지를 보여 준다. 기둥으로 사용된 나무는 주목나무다.

7월에서 8월 사이 절정을 맞는 붉은 색감의 꽃이 피어나는 '붉은 화단'.
색감을 통해 화려함을 뿜어내는 정원은 비록 한달 남짓의 광경이라 할지라도 그 어떤 정원보다 화려하고 아름답다.

정원이 우리에게 무엇을 해주는 것일까?

로렌스 존스턴의 해박한 식물에 대한 지식과 그가 수집한 식물의 리스트, 그리고 히드코트매너를 만들 때의 도면과 기록이 전혀 남아 있지 않다는 점은 너무나 안타까운 일이다. 이는 존스턴의 성격 탓이기도 하다. 그는 조용한 성품으로 남들 앞에 나서는 것을 좋아하지 않았고, 당시 정원 문화를 선도하고 있던 영국의 왕립원예학회(Royal Horticultural Society, RHS)와도 아무런 연관을 맺지 않았다. 때문에 40년이 넘는 세월 동안 그의 정원은 꽁꽁 숨겨진 채 누구에게도 공개가 되지 않았던 셈이다.

훗날 존스턴은 히드코트매너와 정원을 내셔널트러스트에 기증한 채, 건강상의 이유로 니스 근처의 남프랑스 망통(Menton)에 자리를 잡았다. 그는 이곳에 제2의 정원, 세르 드 라 마돈느(Serre de la Madone)를 가꾸었다. 존스턴은 이곳에서 10년을 보낸 뒤 세상을 떠났고, 죽은 후에는 히드코트매너 정원에서 멀리 떨어지지 않은 곳의 어머니 무덤 옆에 나란히 묻혔다.

존스턴의 어머니는 두 번 결혼했지만 두 번 다 남편이 먼저 세상을 떠나면서 미망인이 되었다. 로렌스 존스턴은 그의 어머니가 첫 번째 남편과의 사이에서 낳은 아들로 유일하게 생존한 자식이기도 했다. 물려받은 재산이 많아 경제적 어려움은 없었지만 그에게는 세상에 나 혼자라는 외로움이 늘 가득했다. 이런 그가 40년 동안 정원을 가꾸는 일에 매진했던 것은 어쩌면 당연한 일이 아니었을까 싶기도 하다. 그에게 정원은 위로와 따뜻함이 가득한 곳이었고, 그 느낌은 그가 떠난 후에도 히드코트매너 정원에 오롯이 남아 있다.

정원이 우리에게 무엇을 해주는 것일까? 그 답을 찾기 위해 우리는 아직까지도 정원을 만들고 있는지도 모른다.

❈ 볼륨 연출

꽃을 좋아한다고 화단 전체를 초본식물로만 구성하는 것은 정원을 밋밋하게 만드는 요소
가 된다. 히드코트매너 정원의 꽃밭은 이런 단조로움을 피하기 위해 화단 사이에 상록침
엽수를 기둥으로 반복시켜 전체적으로 정원의 볼륨을 큼직하고 굵게 연출하는 기법을 보
여준다. 이런 배치의 가장 큰 장점은 가을과 겨울 식물의 잎과 꽃이 사라져도 정원이 여
전히 깊이와 구조적인 힘을 지니게 된다는 점이다. 볼륨을 연출할 수 있는 나무로는 주목
(*Taxus*), 향나무(*Juniperus*) 등이 주로 사용된다.

뒷 줄의 주목나무로 연출된 수직의 힘이
정원에 볼륨감을 만들어주고 있다. 이 주
목나무의 효과는 머릿속에서 주목나무를
제거해보면 이해가 쉽다. 주목나무가 없
는 앞줄의 초본식물 화단은 모든 높이가
무릎 밑으로 낮아져 단조로움을 피할 수
없다.

✹ 형태의 미

마치 건물을 짓는 것과 마찬가지로 정원에도 기둥, 벽, 문 등으로 공간을 가르고 담아주는 기능이 필요하다. 이런 나눔과 가둠에 의해 공간이 분할되기도 하고 모아지는 효과가 생기기 때문이다. 정원은 단순히 펼쳐놓는 방식보다는 식물 자체를 구조적으로 활용해 공간을 디자인하는 것이 단순한 꽃밭을 만드는 것보다 우선시되어야 한다.

식물을 구조적으로 쓰기 위해서는 작은 나무를 심어 정기적으로 잘라 형태를 잡아주어야 한다. 제대로 된 구조적 효과를 보는 데 긴 시간이 걸린다는 단점이 있다. 때문에 장기적 디자인 계획이 필요하다.

나무는 타고난 형태와 틀을 지니고 있다. 그 모습대로 자랄 수밖에 없는데 서양의 정원은
이런 자연스러움보다는 자르고 깎아 원하는 형태로 식물 키우기를 시도해왔다. 자연스러
움을 강조하는 우리나라 정서에는 사뭇 이질적으로 보일 수도 있지만 공간을 연출하는 데
있어서는 탁월한 효과가 있다. 때문에 구조적이면서도 통제된 형태의 공간 연출을 원한다
면 적합한 수종을 선택해 식물을 구조적으로 쓰는 방법을 적용해보자.

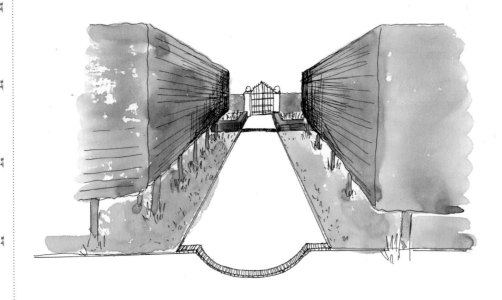

❋ 수직의 힘

공간 연출을 할 때 자신이 원하는 식물에만 집중하다 보면 전체적인 수직, 수평, 구도의 개념을 놓치기 십상이다. 때문에 수직과 수평의 균형을 어떻게 풀어갈지를 항상 먼저 고려해야 한다. 히드코트매너 정원은 수평의 화단 구성과 함께 반복적인 수직의 힘을 이용해 정원이 깊이가 있도록 구성하고 있다.

가파른 언덕길을 이용해 집을 짓고 테라스형 정원을 계단식으로 연출한 영국 윌트셔에 위치한 아이포드 매너 정원은, 식물을 흐드러지게 사용하기보다는 틀 안에 가두거나 색상을 단일화시키는 등 단순하면서도 모던한 디자인 기법을 사용했다. 또한 이 모던함이 고대 그리스, 로마 시대를 연상시키는 조각물들과 어우러지며 독특한 분위기를 자아낸다.

7

"균형과 조화의 정원"
이탈리아 정원과 영국 정원의 만남

아이포드매너 정원 디자인
Iford manor Garden

아이포드매너 정원 (20세기 초)

디자이너: 해럴드 피토
정원타입: 이탈리아풍 정원

· 건축가 해럴드 피토가 이탈리아 정원에 영향을 받아 만든 정원.
· 구불거리는 선을 쓰지 않고 직선을 이용해 축을 만들고 원근법을 활용해 정
  원을 구성.
· 급격한 경사를 이용해 계단 정원의 진수를 보여줌.
· 이탈리아에서 가져온 진품 조각들을 정원의 중요한 요소로 활용.

① 메인 게이트
② 건물
③ 초원
④ 계단
⑤ 슬로프 정원
⑥ 이탈리언 테라스 정원
⑦ 테라스 정원
⑧ 스페인 계단과 연못
⑨ 돌과 담장으로 구성된 테라스

해럴드 피토 Harold Peto(1854~1933)

영국 건축가, 조경가, 가든 디자이너. 르네상스 이탈리언 건축 양식인 팔라디안 스타일의 건축물 설계로 영국 및 프랑스에서 활발하게 활동하다 홀연 모든 건축 일을 접고 전 세계를 여행하기 시작했다. 그리고 여행에서 돌아온 뒤 아이포드매너를 구입하고 이때부터 본격적인 정원 디자이너로서의 삶을 시작했다. 피토는 거트루드 지킬과는 매우 다른 중세 르네상스식 이탈리아 정원에 모티브를 두고 여기에 영국 시골을 접목시키는 새로운 디자인으로 자신만의 독특한 가든 디자인 세계를 열어갔다.

건축에서 정원으로 관심을 확장하다

　영국 출신의 디자이너, 해럴드 피토는 19세기에서 20세기에 걸쳐 살았던 사람으로, 건축가이면서 가든 디자이너로 당대 최고의 명성을 누렸다. 그는 원래 최고의 건축가로 명망이 높았던 어니스트 조지(Ernest George, 1839~1922, 영국의 건축가, 조경가, 수채화가)와 함께 동업 관계로 21년간 영국에 수많은 건축물을 남겼는데, 그러던 그가 부와 명성이 확실하게 보장되던 삶을 버리고 동업을 깨면서까지 새 출발을 하게 된 이유는 바로 '정원'에 대한 열정 때문이었다. 해럴드 피토는 건축의 마지막 완성은 정원이라는 점을 실감하면서 비교적 늦은 나이에 정원이라는 새로운 분야로 뛰어들었다. 특히 그가 지대한 관심을 가졌던 것은 바로 르네상스 시기(15~16세기)의 이탈리아 정원으로, 영국은 물론 프랑스에까지 광범위하게 그에 의해 새롭게 해석된 이탈리언 컨추리 가든이 전파되었다.

이탈리아 정원의 가장 큰 특징은 완벽한 대칭의 조화, 원근법을 활용한 형성 그리고 화려한 조각물 활용이다.
피토는 이탈리아 정원을 영국의 시골 풍경과 어떻게 접목시킬 수 있을지를 연구하며 아이포드매너 정원을 구상했다.

르네상스 스타일 이탈리언 정원

고대 로마로부터 정원 양식을 물려받은 이탈리아는 중세를 지나 이른바 인본주의의 부활이라고 불리는 르네상스 시대를 맞으면서 다른 모든 예술 분야와 마찬가지로 정원에서도 그 절정을 이뤄낸다. 15세기에서 17세기 초에 해당하는 이 시기에 이탈리아의 정원은 자연조차도 인간에 의해 통제되고 아름답게 장식되는 것을 최고의 가치로 지향하면서 웅장하면서도 화려하고, 완벽한 균형의 미를 정원에 펼쳐놓았다. 특히 이때 추구한 완벽한 대칭의 미는 건축적으로 '팔

이탈리아 정원은 인간의 예술과 자연의 완벽한 조화가 핵심이다. 즉 인간이 만든 구조물과 식물이 얼마나 완벽한 비율과 균형을 이루며 아름다울 수 있는지를 보여주는 데 중점을 둬야 한다.

라디안 스타일(Palladian architecture)'로 불렸는데, 정원에도 그 균형의 미가 그대로 도입되어 구불거리는 불균형적 것이 아니라 모든 식물과 구조물이 정확한 비율과 균형에 의해 배치되고 디자인되었다.

르네상스가 끝나고 100년쯤의 시간이 흐른 뒤, 영국에서 태어난 해럴드 피토는 휴가와 공부를 겸한 몇 달 간의 이탈리아 여행을 통해 100년 전 화려했던 르네상스 문화를 목격했고, 그당시 이탈리아인들이 만들어낸 정원에 큰 감명을 받게 된다. 영국으로 돌아온 뒤 그는 건축을 그만두고 본격적으로 가든 디자인을 시작했는데, 이로써 훗날 피토는 건축가가 아니라 가든 디자이너로서 후세 사람들에게 더욱 알려지게 되었다.

피토의 정원 철학

해럴드 피토는 정원을 디자인하면서 자신의 원칙을 철저히 고수했다. 그의 디자인은 다분히 이탈리언 르네상스 정원의 모방으로 보일 수도 있지만, 그는 단순한 모방을 벗어나 영국식 정원과 함께 일본의 영향을 받은 동양 정원의 콘셉트를 조화시켜 자신만의 색

다른 스타일을 만들어냈다. 그는 자신의 저서를 통해 "정원 속에는 최고의 아름다움이 추구되어야 하고, 그 아름다움은 건물과 정원의 아름다운 조화를 통해서 이뤄낼 수 있다"고 말했다. 이처럼 그의 가든 디자인은 단순히 건물만으로, 혹은 정원만으로 아름다운 것이 아니라 건축물과 정원이 어떻게 하나의 덩어리가 되어 완벽하게 아름다울 수 있는지를 보여준다.

아이포드매너의 정원

해럴드 피토의 디자인을 이해하기 위해서는 우선 그가 직접 설계와 시공을 마쳤고, 지금까지도 그 원형의 모습을 그대로 갖추고 있는 영국 윌트셔 지방의 아이포드 저택 정원(Iford manor garden)을 살펴보는 것이 좋을 듯하다. 피토가 이곳으로 이사를 온 것은 1892년. 이때 피토는 동업을 정리하고 정원에 대한 열망으로 자신이 직접 디자인할 수 있는 땅을 찾고 있던 때였다. 그는 특히 도심보다는 전원의 삶을 좋아했기에 런던으로부터 다소 떨어져 있는 외곽 지역인 윌트셔에 자리를 잡게 된다.

아이포드 저택은 한때 수도사의 주거지였고, 이후로는 주인이 시대별로 바뀌면서 피토가 인수를 했을 당시는 몇 동의 건물을 제외하고는 모든 것이 황폐한 상태였다. 특히 아이포드의 저택은 집 뒤편으로 매우 가파른 언덕이 솟아 있어 집을 짓기에 적절한 곳은 아니었다. 큰 비가 내릴 때마다 밀려오는 토사로 오래된 집의 파손이 점점 심각해지고 있었지만, 피토는 오히려 이런 환경이야말로 산언덕에 자리를 잡았던 르네상스 이탈리아식 정원을 재현하는 데 적합하다고 확신했다. 주택을 구입한 뒤 그는 빠르게 가든 디자인을 시작했고, 이 정원에 어울리는 새로운 건축물을 추가했다.

산언덕에 자리 잡은 아이포드 저택. 집 뒤편으로 가파른 언덕이 솟아 있어 정원을 만들기에 적절하지 않았지만, 피토는 이런 환경 역시도 이탈리아식 정원을 재현하기에 적합하다고 여겼다.

피토는 인간이 창조한 딱딱하고 무거울 수밖에 없는 건축물을 부드럽게 만들어주는 것이 식물이라고 믿었다.
현관 옆으로 심은 등나무가 현관과 건물의 느낌을 매우 다르게 만들고 있다.

아이포드매너 정원에서 배우는
가든 디자인 원리

디자인 원리 1 건물은 구조적 볼륨을, 식물은 부드러움을 만든다

실질적으로 피토는 건축을 그만둔 것이 아니라 그 영역을 더욱 확장해 디자인을 통해 건축물과 정원을 완벽하게 조화시키려고 노력한 사람이었다. 그는 정원을 독립적으로 보지 않았고, 건물과의 연관 속에서 해석했다. 그는 건물은 특성한 딱딱해질 수밖에 없는 무거움이 있기 때문에 식물이 그 위를 덮어주거나 채워주는 부드러움으로 조화를 만들어내야 한다고 확신했다. 예를 들면 건물의 입구에 등나무를 심게 되면 등나무의 줄기가 자연스럽게 건물의 딱딱함을 보완시켜 조화를 아루게 되는데 이런 건물과 식물의 조화를 매우 중요하게 여겼다.

디자인 원리 2 모든 물건은 자리가 있다

르네상스 이탈리아 정원의 가장 큰 특징 중에 하나는 수많은 조각물의 등장이다. 당시 이탈리아 가든 디자이너들은 돌로 만들어진 다양한 조각물, 혹은 화분 등을 정원에 배치하는 것을 매우 즐겼다. 피토 역시도 이런 이탈리아 정원의 방식을 그대로 활용하기는 했지만, 건축가로서의 미적 감각을 바탕으로 조각물, 분수, 화분 등 각각의 장식물을 정원에 배치하는 데 수 개월의 시간을 보낼 정도로 그 자리를 찾는 작업에 중점을 뒀다.

사실, 아이포드 저택 안의 조각물들은 수로만 보자면 거의 조각공원을 방불케 할 정도다. 그러나 피토의 디자인에서는 조각이 절대 혼자서만 두드러지는 경우가 없이, 있는 듯 없는 듯 그러나 큰 존재감으로 정원과 함께하고 있음을 알 수 있다. 그건 바로 아이포드매너 정원에서 만나는 조각물이 단순히 조각을 정원에 흩뿌려놓은 조각 공원과 같이 구성된 것이 아니라, 피토의 계산에 따라 조각에 맞는 식물 구성으로 마치 정원 속에 조

두 마리의 사슴 조각상과 함께 있는 반달 모양의 연못. 사슴은 식물과 함께 묻히고 때로는 도드라지면서 마치 식물과 한 몸이 된 듯 조화롭다.
피토의 정원에는 수많은 조각물이 넘쳐나지만, 조각 하나하나가 마치 원래 그 자리에 식물과 함께 자라고 있었던 것처럼 자연스럽다.

피토는 주목나무를 이용해 식물이 담장, 혹은 벽과 같은 구조물을 만들었다. 이는 이탈리아 정원의 특징으로 훗날 토피어리(식물을 이용해 특정한 문양이나 동물, 상징물을 만들어내는 정원 예술의 한 영역)라는 독특한 정원 예술의 분야로 발전한다.

각물이 원래 처음부터 그 자리에 있었던 것처럼 완벽한 조화를 이루고 있기 때문이다.

디자인 원리 3 **식물도 건축물처럼 사용한다**

그는 누구보다 다양한 식물의 구성을 좋아했지만, 한꺼번에 심어 흐드러지게 피어나게 하거나 질서 없이 식물을 혼합시키는 것을 배제했다. 피토는 주목나무와 회양목과 같이 촘촘한 잎으로 면을 이룰 수 있는 식물을 이용해 사각형 혹은 울타리 형태로 틀을 잡았고, 그 틀 안에 자연스럽게 꽃이 피는 식물을 심어 식물이 구조물의 역할을 대신할 수 있도록 구성했다. 이런 식물 식재 디자인 방식은 르네상스 시기의 이탈리아인들이 즐겨썼던 것으로, 피토가 그대로 계승한 것이라 볼 수 있다.

디자인 원리 4 **이웃해 있는 풍경을 내 집 정원으로**

피토는 이탈리아 정원뿐 아니라 동양의 정원에도 큰 관심을 두고 있었다. 특히 집의 마당에서 바라다보는 경치를 가장 중요한 정원 조성의 기법으로 여겼던 중국, 한국, 일본의 정원에서 많은 아이디어를 가져왔다. 그 결과 기둥 사이로 보이는 경치를 염두에 두고 기둥의 간격과 거리를 생각한 디자인을 선보였다. 기둥과 기둥 사이는 하나의 사각형 액자가 되고, 그 액자 속으로 보이는 맞은편의 자연 경관을 감상하는 것도 피토의 디자인에서 빼놓을 수 없는 부분이다.

디자인 원리 5 **식물 디자인은 단순 강렬하게**

식물을 디자인하는 방법에는 크게 여러 종의 식물을 혼합시켜 복잡하지만 풍성한 아름다움을 보여주는 방법이 있고, 다른 하나는 한 종의 식물로 단순하지만 강렬하게 표

동양 정원에서 영향을 받은 피토는 멀리 보이는 풍경을 자신을 정원에 어떻게 담을 수 있는지 연구했다. 그 결과 기둥의 간격을 조절하여 기둥 사이로 보이는 건너편 구릉의 풍경을 염두에 둔 디자인 개념을 아이포드매너 정원에 도입했다.

피토는 식물 디자인에 있어 다양한 수종을 혼합시키는 방식보다는 하나의 식물을 군식하거나 혹은 홀로 심어 정원 전체에 강한 인상과 함께 힘을 주었다.
이런 단색으로 집중된 식물 디자인은 세련되면서도 모던한 느낌을 연출하는 데 탁월하다.

현하는 방법이 있다. 물론 각각의 방식은 장단점을 지니고 있다. 혼합해서 식물을 심을 경우 색상은 물론 계절의 안배가 가능해 봄부터 가을까지 다양한 색감의 정원을 즐길 수 있지만, 자칫 잘못 관리하면 빈자리가 생기거나 색상의 조화가 맞지 않아 지저분하게 보일 수가 있다. 반대로 한 종류의 식물만을 심었을 때는 꽃이 피어나는 시기, 잎이 자라는 시기가 같기 때문에 한꺼번에 무리지어 피어난 꽃들로 그 광경이 매우 강렬하고 힘이 생긴다. 그러나 꽃이 피는 시기가

피토는 경사를 그대로 두거나, 때로는 계단으로 만들어 수직의 느낌을 충분히 살렸다. 가파른 경사는 정원을 조성하는 데 큰 단점이 되지만, 그 활용에 따라 드라마틱한 수직의 정원을 만들 수 있는 장점이 되기도 한다.

길어야 고작 2주 정도이기 때문에 절정의 순간이 아주 짧다는 단점이 있다.

피토는 여러 종을 섞어 쓰기보다는 한 종을 무리지어 식재하는 방법을 취했고, 건물에 바짝 붙여 기르는 고목의 등나무 하나로 포인트를 내는 방법을 선택했다. 때문에 피토의 정원에서는 다양한 수종의 볼거리를 즐기기는 어렵지만, 하나의 식물이 충분히 정원을 끌어안을 수 있을 만큼 풍성하게 보이는 효과를 만끽할 수 있다.

디자인 원리 6 원래의 지형지물을 이용하자

가파른 경사는 정원을 만들기에 적합한 장소는 아니다. 강수량이 조금이라도 많아지면 빗물에 흙이 쓸려나가 심어놓은 식물을 잃게 될 확률이 높고, 비탈에는 아무 식물이나 자리 잡을 수 없기 때문에 심을 수 있는 식물종에도 한계가 생긴다. 하지만 이런 단점에도 불구하고 급격한 높낮이는 드라마틱한 경치와 광경을 연출할 수 있기 때문에 좀 더 볼륨감 넘치는 정원을 구성할 기회가 생기기도 한다.

피토는 비탈면을 때로는 그대로 유지하고, 때로는 계단식으로 만들면서 각각의 높이에서 즐기는 정원을 만들었다.

1 · 피토는 한자리에서 동서남북에 색다른 정원의 풍경이 연출되도록 디자인
　　했다. 서쪽에서 바라본 풍경에는 문이라는 장치를 두고 멀리 자유로운 초
　　원풍의 영국식 메도 정원이 펼쳐져 있고,
2 · 북쪽으로 고개를 돌리면 이탈리아식 로지아의 웅장함과 마주하게 된다.
3 · 동쪽으로는 길게 뻗은 기둥이 양 옆으로 늘어선 정원이 이어진다.
4 · 남쪽으로 보이는 길. 마치 초원의 집으로 향하듯 부드럽고 소박한 느낌이
　　강하다.

피토 디자인의 진수는 사진으로는 잘 설명이 되지 않는다. 그는 한자리에 서서 우리가 몸을 돌릴 때마다 동서남북으로 보이는 모든 시선에 독특한 풍경이 펼쳐지도록 디자인했다. 결코 카메라의 앵글로는 잡을 수 없는, 한자리에 서서 몸을 360도 회전했을 때야 느껴지는 디자인이다.

아래로는 가파른 계단과 맞은편 구릉지의 풍경이 보이지만 다시 오른쪽으로 고개를 돌리면 초원풍 정원인 메도 정원(Meadow garden)이 펼쳐져 있고, 뒤로는 이탈리아식 그늘집의 우람함이 보이고, 왼쪽에는 길게 뻗은 정원의 끝 지점에 작고 소박한 영국식 오두막집이 그려진다. 각 방향마다 독특한 감동을 주기 위해 그는 도면을 놓고 수도 없이 많은 선을 지우고, 다시 그렸을 것이다. 가든 디자이너들 가운데는 실제로 도면을 그리지 않고 정원을 디자인한 사례가 많다. 그러나 이런 정원과 비교했을 때 도면 위에서 수많은 연습과 상상을 한 뒤 만들어진 정원은 그 느낌이 확연히 다르다.

피토의 디자인은 건축도면을 자유자재로 그렸던 그가 도면 위에서 무엇을 얼마나 상상했고 그것을 실행에 옮겼는지를 그대로 볼 수 있는 즐거움이 가득하다.

스스로가 가장 좋아하는 디자인의 발견

디자이너가 뚜렷한 자신만의 취향을 갖는다는 것은 누구와도 비교되지 않는 독특함이라는 강점이 되지만 다른 한편으로는 호불호를 분명하게 가르는 비판의 대상이 될 수 있다. 이런 점에서 한결같았던 피토의 디자인은 때로는 지나친 르네상스 이탈리아 정원의 복제라는 저평가를 받기도 했다. 그러나 그의 디자인은 분명 단순한 복제나 모방이 아니라 피토만의 재해석에 의한 것이었고, 영국이라는 곳에 뿌리를 둔 '이탈리아 정원에 영향을 받은 영국 정원'이라고 볼 수 있다.

어떤 디자이너든 자기만의 정체성을 찾는 일은 쉽지 않고, 평생에 걸쳐 그 정체성을 찾기 위해 노력하는 사람들이 디자이너이기도 하다. 바로 이런 점에서 피토는 자기 스스로 가장 좋아하는 디자인의 개념을 자기 것으로 만들었던 훌륭한 디자이너라고 생각된다. 피토 정원의 미적 가치는 완벽한 균형에서 빚어지는 완벽한 아름다움에 있다. 비율, 거리, 시선의 움직임, 수직과 수평의 조화 등 그의 디자인에는 어느 것 하나 계산되지 않은 것이 없다. 레오나르도 다빈치가 자신의 그림 속에서 인간의 완벽한 비율을 찾으려고 노력했던 흔적이 피토의 정원에서 느껴지는 것도 바로 이런 이유 때문이 아닐까 한다.

❋ 회양목 이용하기

회양목은 키가 높게 자라지 않고, 나뭇가지를 잘라주면 좀 더 촘촘하게 잎과 가지를 틔워내는 특징이 있다. 이런 특징을 살려 정기적으로 잘라주기를 해주면 원하는 형태로 식물을 자유자제로 만들 수 있다. 좁은 정원의 공간에 뭔가 구조적인 맛을 주고 싶다면 회양목을 이용해보자. 공간의 마감 처리를 할 때에도 회양목은 아주 좋은 경계선 역할을 해준다.

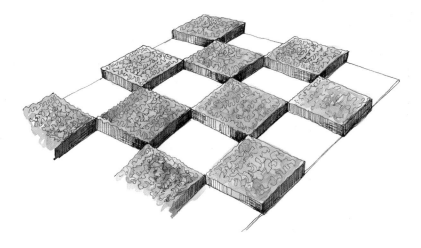

정원은 반복만으로도 리듬이 생겨나 큰 디자인 효과를 줄 수 있다. 바둑판 모양으로 식물을 심어주게 되면 회양목이라는 가장 흔하고 평범한 식물 하나로도 그림과 같은 느낌이 연출된다. 심플하면서도 세련된 맛을 강조하고 싶다면 식물 종류를 줄이고 단순 명료하게 디자인을 잡는 것이 좋다.

✳ 이탈리언 정원 따라하기

이탈리아식 정원은 축의 연결과 기하학적 공간 배치가 가장 큰 특징이다. 축을 만들기 위해서는 나무, 조각물, 기둥 등의 반복이 필요하고, 그 축이 지나가는 옆으로 원, 사각, 육각, 팔각 등 기하학적 모양으로 공간을 만들어낼 수 있다. 그러나 이탈리아식 디자인은 자칫 딱딱하다는 느낌이 강해질 수도 있기 때문에 적당히 흘러넘치거나 늘어지는 식물을 심는 것이 큰 도움이 된다.

원근법은 정원을 연출하는 데 꼭 이해해야 할 요소다.
우리 눈은 모든 것을 절대치로 보지 않고 가까운 것은
크게 먼 것은 작게 본다. 때문에 같은 비례를 사용해도
거리에 따라 우리의 눈은 다른 비례감을 갖는다. 이것
을 이용해 축을 만들기도 하고 같은 비례를 반복시켰
지만 점점 작아지고 커지는 율동감을 만들어낸다.

❋ 경사면 디자인

가파른 경사면은 제약이 많다. 이럴 때 가장 흔히 쓰는 방법은 계단식으로 평지를 만들어내는 것이다. 계단마다 다른 느낌의 식물 심기와 조각물 등을 배치하면 하나의 정원 속에 다양한 주제가 흐를 수 있다. 다랑이 논 방식으로 구불거리는 자연스러운 연출도 가능하고, 이탈리언 방식의 반듯한 계단식 테라스도 좋다.

비타 새크빌웨스트와 남편인 해럴드 니컬슨 경이 만든 정원으로 영국 켄트주에 위치해 있다. 니컬슨이 정원 전체의 레이아웃을 완성했고 여기에 비타가 식물 디자인을 직접했다. 비타는 자연스러운 식물 심기를 주장했던 저널리스트 겸 정원사 윌리엄 로빈슨과 거트루드 지킬의 영향을 받아 자연스러우면서도 색감이 가득한 식물 구성을 완성했다.

8

"정원의 방"
식물의 부드러움과 조형의 완벽한 어울림

시싱허스트 정원 디자인
Sissinghurst Castle Garden

①

시싱허스트 정원 (20세기 중반)

디자이너: 해럴드 니컬슨, 비타 새크빌웨스트
정원타입: 아트앤드크래프트 정원

· 남편 해럴드 니컬슨이 구성한 정원 레이아웃에 비타의 색감에 따른 정원 연출이 압권.

· 히드코트매너를 연출한 로렌스 존스턴의 영향을 받아 방의 개념을 좀 더 구체적이고 짜임새 있게 구성.

· 16세기에 만들어진 성터를 살려 아트앤드크래프트적인 감성으로 장식이 화려한 정원으로 연출.

· 벌통과 비둘기의 집이 놓인 초원을 연상시키는 메도 정원은 틀 속에 갇힌 듯한 정원을 자연스럽게 개방시키는 효과를 줌.

· 오래된 성곽의 해자를 활용해 보트 하우스를 가미해 장식성을 살린 디자인으로 재해석.

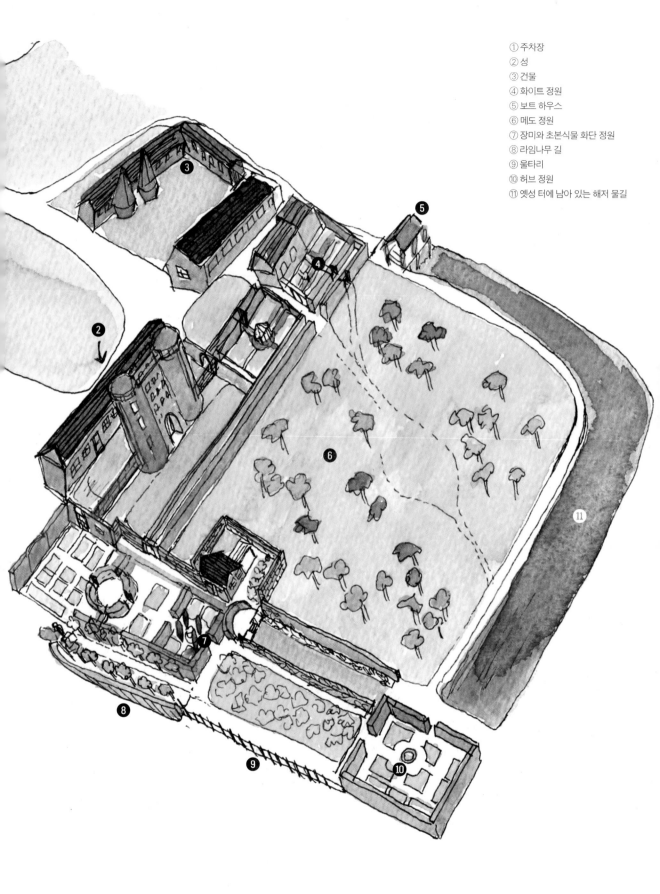

① 주차장
② 성
③ 건물
④ 화이트 정원
⑤ 보트 하우스
⑥ 메도 정원
⑦ 장미와 초본식물 화단 정원
⑧ 라임나무 길
⑨ 울타리
⑩ 허브 정원
⑪ 옛성 터에 남아 있는 해저 물길

비타 새크빌웨스트 Vita Sackvill-West(1892~1962)

영국의 시인, 소설가, 정원사. 비타는 영국의 문학계가 주는 최고의 상 중 하나인 호손덴 상(Hawthornden Prize)을 수상할 정도로 문인으로서의 명성이 높았다. 그녀는 남편 니컬슨 경과 결혼 후 중세 때 지어진 성, 시싱허스트캐슬을 구입한 뒤 그곳을 직접 남편과 함께 디자인했다. 정원과 식물에 대한 글을 정기적으로 연재할 정도로 전문 정원사 못지않게 식물에 대한 지식이 많았다.

해럴드 니컬슨 Harold Nicolson(1886~1968)

영국 외교관으로 활동하였고, 시인 비타 새크빌웨스트와 결혼하여 두 명의 자녀를 두었다. 외교관으로서의 공식 업무 외에도 예술과 운동에 탁월한 감각을 지니고 있었다. 비타와 함께 시싱허스트캐슬을 구입한 뒤 성의 개조는 물론이고 정원을 계획, 디자인하는 데 중점적인 역할을 했다. 건축에 대한 해박한 지식을 이용해 시싱허스트 정원을 건축적으로 짜임새 있게 디자인한 것으로 알려져 있다.

비타 새크빌웨스트는 정원사, 가든 디자이너라는 호칭보다는 시인, 소설가로 더 유명하다. 비타는 영국에서 출생한 작가로 많은 시와 소설을 남겼고, 1927년에는 문인에게가장 큰 명예라 할 수 있는 호손덴 상을 수상했다. 그러나 비타 새크빌웨스트는 문학계에게서 받은 명성만큼이나 뒷얘기가 무성했던, 스캔들의 주인공이기도 했다.

1913년 비타는 스물한 살의 나이로 외교관이었던 해럴드 조지 니컬슨과 결혼했지만, 결혼 이후에도 양성애자로 수많은 여성들과 연인관계를 유지했다. 그중에는 당시의 유명 작가 버지니아 울프(Virginia Woolf, 1882~1941)와의 스캔들도 있었다.

정든 집을 대신해 새로운 정원을 만들다

비타 새크빌웨스트의 또 다른 면모는 정원에 대한 사랑에서 찾을 수 있다. 영국 동남쪽 켄트 지역에 살았던 비타는 새크빌웨스트 가문의 무남독녀 외동딸로 자랐다. 당시영국의 풍습에 따르면 아들이 없는 경우, 아버지가 죽고 난 뒤 모든 재산을 조카나 삼촌등 남자 친척에게 물려줄 수밖에 없었다. 아버지가 돌아가시자 비타 역시 자신이 태어나

14세기에 지어진 시싱허스트캐슬(Sissinghurst Castle)의 일부가 아직도 남아 있다. 비타는 오래된 성을 정원의 일부로 끌어들이기 위해 장미, 클레마티스 등의 덩굴식물을 올려 건물의 외벽이 정원이 되도록 구성했다.

고 자랐던 집, 노올하우스(Knole house)를 사촌에게 빼앗겨 정든 집을 나와야만 했다.

이때 정든 집을 포기하는 서류에 사인을 해야 했던 일은 비타에게 엄청난 상실감과 충격을 가져왔고, 이는 훗날 그녀가 시싱허스트(Sissinghurst)에 자신의 집과 정원을 만든 원인이 되었다. 비타는 불합리한 사회 제도로 빼앗겨야 했던 부모님 집에 대한 열망으로 노올하우스 바로 옆에 위치한 시싱허스트에 자리를 잡았고, 그리고 아름다운 정원을 만들어 사촌에게 보란 듯이 자랑을 했었다고 한다.

시싱허스트캐슬의 탈바꿈

시싱허스트는 켄트 지역에 위치한 작은 마을의 이름이다. 이 마을에는 중세부터 붉은 벽돌의 성이 지어졌다. 이 성은 그 규모가 상당히 크고 화려해서 한때는 엘리자베스 1세 여왕도 이곳에서 며칠을 묵어 갔다는 기록이 남아 있을 정도였다. 그러나 비타가 시싱허스트캐슬을 구입할 당시에는 전쟁 중 포로를 수감했던 흔적만이 남아 있을 뿐, 성의 타워를 제외하고는 모든 건물이 파괴된 상태였다.

비타와 남편 해럴드는 시싱허스트의 우람하게 솟은 타워의 전경에 매우 만족해했다. 그들은 팔겠다고 내놓은 후 3년 동안 주인을 찾지 못했던 시싱허스트캐슬을 구입한 뒤, 그곳에 자신들이 꿈꾸었던 아름다운 정원을 만들 계획을 세우기 시작했다.

정원의 실질적 설계자, 해럴드 조지 니컬슨

지금도 시싱허스트 정원은 영국인들에게 '비타의 정원'으로 불린다. 그런데 이 정원을 단순히 비타의 정원이라고 보기에는 남편 해럴드 니컬슨의 역할이 매우 크다. 부인 비타 새크빌웨스트가 결혼 이후에도 많은 여성들과 연인 관계를 유지했음에도 불구하고 둘의 관계는 매우 좋았다고 전해진다. 니컬슨 역시도 비타만큼은 아니었지만 양성애자로 동성의 연인이 있었고, 또 당시 부부가 '블룸즈버리 그룹(Bloomsbury Group)'이라는 일종의 엘리트 문인 클럽에 속해 있으며 매우 진보적인 사고의 사람들과 교류했기 때문이다. 비타가 자신의 성인 '새크빌웨스트'를 버리지 않고 결혼 후에도 고집할 수 있었던 것

비타와 니컬슨은 벽돌로 지어진 중세 성을 어떻게 정원의 개념으로 재해석할 것인가에 집중했고 전망대 역할을 해줄 수 있는 타워의 존재에 매우 만족했다.

단순히 조각물을 전시한 것이 아니라 흘러내리는 버드나무의 특징을 이용해 지붕을 만들고 뒷배경으로 나무 담장을 구성하고, 그 아래 고사리를 포함한 초본식물을 크기, 색상, 질감으로 구별해 배치한 식물 디자인의 백미를 보여준다.

도 니컬슨의 진보적인 사고가 아니었다면 불가능했을 일이었다.

니컬슨은 귀족 가문의 자제로 태어나 정치인으로 성장했고, 젊은 시절에는 외교관으로 이곳저곳을 떠돌았다. 하지만 비타와 결혼한 뒤에는 가정의 안정을 위해 외교관을 그만두고, 시싱허스트캐슬에서 비타와 함께 정원을 만들며 여생을 보냈다.

시싱허스트캐슬의 가든 디자인에 있어서도 실질적인 전체 디자인은 니컬슨이 담당했다. 정치·외교에 몸담고 있었지만 니컬슨은 문학·예술·건축 분야에서 전문가보다 뛰어난 감각을 지니고 있었다. 결론적으로 시싱허스트 정원은 땅의 전체적인 윤곽(plan)과 세부적인 동선 등의 레이아웃은 니컬슨에 의해 만들어졌고, 비타는 이곳에 식물을 디자인을 넣은 셈이다.

시싱허스트 정원에서 배우는
가든 디자인 원리

＊ 해럴드 니컬슨의 구조적 디자인 원리 ＊

디자인 원리 1 **담으로 막고, 문으로 열어준다**

시싱허스트 정원의 실질적 면적은 영국의 다른 저택에 딸린 정원에 비해 작은 편이다. 그러나 이 정원의 설계자인 니컬슨이 계획한 동선대로 정원을 이리저리 돌다보면 그 크기가 몇 배 정도는 더 크게 느껴진다. 이게 가능한 이유는 니컬슨이 정원에 수많은 담과 울타리를 세워 시선을 막고, 다시 거기에 작은 문을 두어 또 다른 공간을 연출했기 때문이다.

담과 울타리를 이용해 막힌 공간을 연출하고, 다시 문을 만들어 다른 통로를 보여주는 이 기법은 히드코트매너 정원을 디자인한 로렌스 존스턴이 처음으로 선보인 것이었다. 당시 많은 이들이 이 기법을 빌어왔고, 그중 가장 백미를 연출한 곳이 니컬슨의 시싱허스트 정원이라고 할 수 있다.

시리즈로 연결되는 테마별 정원의 방

담과 울타리로 공간을 만든다는 개념은 정확하게 건축적으로는 방을 만들었다고 볼 수 있다. 니컬슨은 때로는 붉은 벽돌 담장으로 둘러싸인 직사각형의 길쭉한 방, 주목나무 생울타리로 감싸진 반달 모양의 방 등 각각의 방을 시리즈로 만든 뒤, 거기에 방마다 다른 테마를 부여했다. 즉 '붉고 노란 방', '하얀 방', '수직의 방' 등 각기 다른 테마에 의해 방이 만들어졌고 여기에 맞는 식물이 구성되었다.

타워에서 보이는 시싱허스트 정원의 전경. 정원의 방 개념을 확연하게 볼 수 있다.

이 기법 역시도 히드코트매너 정원을 만든 로렌스 존스턴에게 영향을 받은 것으로, 특히 흰색의 꽃을 피우는 식물로만 구성된 '화이트 룸'은 그 콘셉트를 히드코트매너에서 그대로 가져왔다. 하지만 청출어람이라는 말이 있듯이, 후에 완성된 시싱허스트의 화이트 룸이 완성도 면에서 좀 더 좋은 평가를 받고 있다.

시선의 축을 살려라

정원을 디자인하는 데 니컬슨이 무엇보다 신경을 쓴 부분은 시선의 축이었다. 각각의 방은 모든 동선이 중심을 향하도록 디자인되어 있는데, 이 중심에 서게 되면 어느 쪽 방향에서 정원을 바라보느냐에 따라 그 느낌이 확연히 달라진다. 더 재미있는 것은 동서남북, 각 방향으로 몸을 돌릴 때마다 문을 만나게 되는데, 이 문을 통해 다음 번 방이 살짝 보인다는 점이다. 문을 통해 살짝 보이는 옆방은 다시 또 그곳으로 들어가고 싶어지는 궁금함을 일으키는데, 이런 문이 여러 개가 있다 보니 관람객은 모두 정해진 같은 동선

가든 디자인의 발견

을 따라 움직이는 것이 아니라 각자 들어가고 싶은 방을 향해 흩어지게 된다.

시싱허스트 정원에 도착하면 들어갈 때는 일행이 모두 함께 출발하지만 중간부터 뿔뿔이 흩어지고, 결국 정원을 나올 때 즈음에 다시 만나게 되는 현상을 경험한다. 그런데 이럴 수밖에 없는 이유가 바로 니컬슨이 만들어낸 이 시선의 축 때문이다. 물론 이 축의 조성은 절대 어찌하다 보니 만들어진 것이 아니라, 도면에서 수없이 지우고 다시 그리는 과정을 반복하며 만들어낸 것이다. 또한 공간을 다루는 니컬슨의 감각이 얼마나 뛰어났는지를 잘 알 수 있는 부분이기도 하다.

디자인 원리 4 | 방과 방을 이어주는 통로의 디자인

시싱허스트 정원에는 갇힌 밀폐형 공간도 있지만, 공간과 공간을 이어주는 통로도 있다. 니컬슨은 단순히 정원에 담장과 울타리를 쳐서 방들을 만들었던 것이 아니라, 이 방에서 다른 방으로 찾아갈 수 있는 시리즈형 통로를 만드는 데 탁월한 감각을 보였다.

자연의 계곡을 생각해보자. 물이 머물지 않고 쏜살같이 흘러가는 부분도 있지만, 어떤 때는 웅덩이와 같은 너른 공간도 생겨난다. 이때 이 너른 공간 속의 물은 그 속도가 매우 느려져서 사람들이 발을 담그거나 쉬었다 가는 장소가 된다. 니컬슨의 시싱허스트 가든 디자인에서도 바로 이런 점이 마치 강약의 리듬처럼 발견된다. 즉 방이라는 너른 공간에서 사람들은 좀 더 오래 머물며 이 꽃 저 꽃을 감상하며 시간을 보내지만, 방과 방을 연결해주는 통로에서는 조금 발길이 빨라진다.

그런데 니컬슨은 이 통로를 만들면서 단순히 빨리 걸어서 다른 방으로 도달하게 하는 데만 목적을 두지 않았다. 인위적인 가로수 길을 만나게 한다거나, 양을 치고 있는 초원을 옆에 둔 채 걷게 한다거나, 혹은 아주 오래된 숲 속을 연상시키는 우거진 길 등을 만들었다. 이런 통로의 디자인은 빠른 걸음으로 걷는 지루하지 않은 흐름을 만들어낸다.

니컬슨은 정원에 방을 만들고, 그 방을 드나들 수 있는 문을 만들어 '정원의 방'이라는 개념을 완벽하게 정착시켰다. 이 방의 개념은 정원을 한눈에 보여 주지 않고 켜켜로 가리고, 막아 '정원 속의 정원'을 만들어내는 효과는 가져온다.

✻ 비타 새크빌웨스트의 식물 디자인 원리 ✻

디자인 원리 1 색감, 형태, 질감으로 연출한 식물 디자인

비타 새크빌웨스트는 시인이자 소설가였지만 《더 옵저버(The Observer)》라는 잡지에 "인 유어 가든(In your garden)"이라는 제목으로 매주 정원에 관한 칼럼을 연재했다. 지금도 마찬가지지만, 시인 혹은 소설가로 불리는 정통 문인이 일종의 잡문과도 같은 칼럼을 쓴다는 것은 그리 쉬운 결정이 아니다. 그만큼 자신이 추구하는 순수문학에 대한 자부심이 높기 때문이다.

자존심이라면 누구에게도 뒤지지 않는 비타였지만, 그녀는 스스로 원해서 이 칼럼을 맡아 썼을 정도로 정원에 대한 관심과 사랑이 대단했다. 특히 비타의 관심은 가든 디자인보다는 식물 자체에 있었다. 비타는 식물의 특성 하나하나를 알아가는 것을 매우 즐겼고, 희귀한 재배종이 나타나면 자신의 정원에 심지 않고서는 견디질 못했다.

비타의 식물 디자인 특성을 살펴보면, 우선 같은 식물이라고 해도 그것이 지닌 색감, 모양, 크기가 평범하지 않다는 걸 눈치챌 수 있다. 즉 식물 하나하나의 매력이 시싱허스트의 정원에 가득 차 있는 셈이다. 결국 니컬슨이 만든 동선을 따라 들어온 방에서 사람들은 비타가 심어놓은 식물에 발목이 잡혀 쉽게 나갈 수가 없게 된다. '어? 이런 색의 붓꽃이 있었나?', '매발톱이 이렇게 생길 수도 있나?' 이런 식물에 대한 원초적인 호기심이 정원의 방을 쉽게 빠져나갈 수 없게 만든다.

디자인 원리 2 니컬슨의 경계를 흐려놓다

앞서 언급한 것처럼 정원의 디자인은 자체는 니컬슨이 맡았지만, 그 안에 들어갈 식물의 디자인은 비타에 의해 모든 것이 결정됐다. 비타 새크빌웨스트는 니컬슨이 만들어놓은 담, 울타리, 계단 등 다소 무거울 수 있는 건축적 요소에 식물을 과하다 싶을 정도로 흐드러지게 심어 그 경계를 흐려놓는 데 주력했다.

비타의 이런 노력이 없었다면 시싱허스트 정원은 정원이 아니라 마치 건축물의 연장선을 보는 듯한 느낌을 갖게 됐을 가능성이 많다. 딱딱하고 인위적인 공간 분할에서 사람들이 느끼게 될 부담감을, 비타는 풍성한 식물의 양과 특별히 깎거나 정리하지 않는 자연스러운 방식의 식물 심기라는 방법을 통해 완충시킨 셈이다. 바로 이런 부분이 우리가 시싱허스트 정원에서 공간적으로는 재미를 느끼고, 정원에서는 식물의 풍성함에 감동받게 되는 이유이기도 하다.

디자인 원리 3 거트루드 지킬의 영향

비타는 누구보다 당대 최고의 가든 디자이너였던 거트루드 지킬의 영향을 많이 받은 사람이다. 비록 그녀가 시싱허스트 정원을 조성할 때에는 이미 거트루드가 세상을 떠난 후였기 때문에 직접적인 조언을 받을 수는 없었겠지만, 비타는 거트루드의 식물 디자인을 누구보다 잘 이해했고 오히려 거트루드보다 더 완벽한 식물 디자인의 예를 만들어냈다.

식물 관련 지식이 해박했던 비타는 초본식물의 꽃 피는 시기를 정확히 계산해 달별

5월 말. 튤립이 이제 막 지고 여름 꽃이 꽃망울을 머금고 있다. 비타의 정원은 같은 튤립이라고 해도 흔히 볼 수 없는 튤립을 심어, 식물 자체에 대한 흥미로움을 자극시킨다.

멀리 보이는 조각물은 시선을 모아주는 역할을 한다. 양 옆에는 위로 뻗은 나무 두 그루를 심어 수직으로 높이감을 연출하고, 조각상 앞으로는 키 낮은 초본식물을 군락으로 심어 거리감을 매우 깊게 표현되도록 했다. 조각물이 아주 멀리 커다랗게 서 있는 것으로 보이지만 실제 이 정원이 생각보다 짧고, 크기가 작다는 것을 알게 되면 놀라움을 금할 수 없다.

정원은 가운데를 중심으로 모든 동선이 모아지고, 그 중앙에서 사방을 보면 시선의 축을 따라 다른 방의 문이 다시 또 보인다.

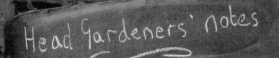

Head Gardeners' notes

Growth is rapid right now, with the garden changing daily. Highlights are Aquilegia/Iris in the Rose Garden, Clematis montana in the Courtyards and Rose garden. Paeonea mlokosewitschii in the Cottage Garden. DO NOT MISS the Moat Walk (Wisteria and Azaleas)

Tasks

Planting and staking continues, with hoeing in the Lower Courtyard, Cottage Garden and herb garden.

Do feel free to talk to me or o of the gardeners about our in more detail.

w/c 20th

시싱허스트 정원의 타워 밑. 정원사가 낡은 흑판에 써둔 정원에 대한 짧은 메모가 인상적이다. 맨 마지막 문구 "정원에서 정원사를 만나게 되면 좀 더 구체적으로 정원에 대해 묻고 싶은 것들을 마음껏 물어보세요." 정원에서 이런 정원사를 만나는 건 큰 기쁨이다.

로 색상에 맞춰 꽃이 올라오도록 화단을 구성했다. 또한 거트루드가 보여줬던 것처럼 건축물과 식물의 조화를 완벽하게 재현해 14세기의 낡은 벽돌 위로 아름다운 장미덩굴이 자라고, 등나무가 정원의 담장을 탈 수 있도록 구성하기도 했다.

for the Thinking Gardener

남성적 매력과 여성적 섬세함의 조화

남녀의 차이는 분명하다. 정원의 매력이 지나치게 여성스럽기만 해도, 반대로 남성적인 굵직함만 있어도 완벽하게 아름답기는 힘들다. 시싱허스트 정원의 진정한 매력은 이 정원을 조성한 이가 비타와 니컬슨이었듯이, 선이 굵은 남성적인 매력과 여성적인 섬세함이 조화를 이룬 데에 있다.

초기 정원의 모습은 남성의 공간이었다. 정치적·사회적 모임을 정원 속에서 나눴기 때문이었다. 그러나 시간이 흐르면서 정원은 여성의 공간으로 그 모습이 바뀌면서 색감이 화려해지고 진귀한 식물이 속속 등장했다. 나무를 좋아하는 남성과 키작은 초본식물을 좋아하는 여성의 취향은 분명 다르다. 중요한 것은 이 둘의 조화로움이 있어야 정원이 정말 아름다워진다는 것이다. 그래서 우리는 어쩔 수 없이 싸우고 얽혀도 서로가 필요한지도…….

✳ 정원의 방 만들기

정원에 방을 만든다고 생각해보자. 들어오는 현관이 있을 테고 복도, 문을 열고 들어서면 안방, 작은 방, 서재 등의 개념으로 정원을 분할시키고, 각각의 방에는 하얀색 꽃이 피는 방, 빨갛고 노란 꽃이 피는 방 등으로 주제를 선정한다. 그리고 그 방에는 특별한 현관문을 만들어 이곳이 어떤 방인지를 잘 표현해주면 수없이 작은 방으로 연결된 정원을 구성할 수 있다.

정원의 방을 구성하려면 사면을 막아줄 담장이 필요하다. 건축적으로 돌, 벽돌 등으로 진짜 담장을 만들 수도 있지만 살아 있는 나무를 키워 담장처럼 만들 수도 있다. 어느 것이 더 좋으냐가 아니라 정원 안에서 얼마나 조화롭게 연출이 가능하냐를 먼저 생각해야 한다.

☀ 창의력 가득한 퍼고라 디자인

퍼고라는 만남의 장소를 연출하는 데 용이하다. 등나무, 장미, 클레마티스 등의 덩굴식물을 올리면 여름에는 그늘을 드리울 수 있다. 여기에 간단한 벤치 의자를 놓아두는 것만으로도 휴식의 공간이 된다. 퍼고라는 쇠, 나무, 철근, 플라스틱 파이프 등 다양한 소재로 연출이 가능하다.

✳ 비우는 공간

잔디는 비워두는 공간이다. 우리의 마당과 같은 의미라고 볼 수 있다. 공간은 비워짐이 있을 때 채워지는 효과가 더욱 강렬해진다. 모든 것이 빽빽하게 들어차기만 하면 건물 전체에 붙어 있는 수많은 간판들처럼 어수선함을 피할 수 있다. 하지만 이 비움에도 틔워놓는 비움과 가둬두는 비움이 있다. 가둬두는 비움은 그 자체로 방의 개념을 갖게 된다.

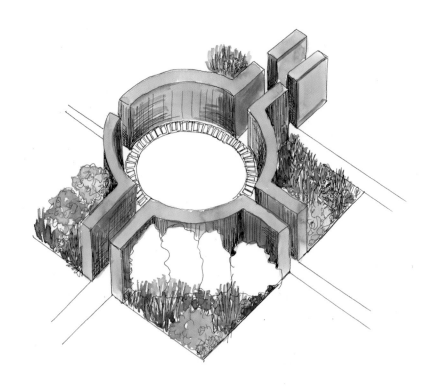

✳ 통제와 넘침의 조화

식물은 경계를 넘나들며 자유롭게 자란다. 이런 점을 이용해 식물이 마치 뒤엉키듯 풍성하게 화단을 연출할 수 있지만 지나친 흐트러짐은 정원을 지저분하게 만드는 요인이 된다. 시싱허스트 정원은 이런 자연스러운 넘침과 통제를 효과적으로 조절하기 위해 각각의 화단에 구획을 주되 식물은 풍성하게 심는 방식을 택했다. 더불어 윗단의 나무는 반듯하게 깎지만 아랫단 화단은 초본식물을 다채롭게 심어 완급의 조절을 잘 연출하고 있음을 볼 수 있다. 이런 식으로 연출을 할 경우, 정원은 흐트러진듯 보이지만 기본 구도가 명확한 느낌을 줄 수 있다.

영국 글로스터셔에 위치한 반슬레이 정원은 로즈메리 비어리와 그녀의 남편이 직접 디자인하고 조성한 텃밭 정원을 포함한 정원이다. 특히 로즈메리 비어리는 자신만의 기법으로 독창적인 텃밭 정원을 디자인했고, 훗날 1970년대에 이 정원이 일반에게 공개되었을 때 엄청난 화제를 몰고왔다. 현재 로즈메리가 살았던 반슬레이 건물은 호텔로 개조되어 연간 3만 명의 숙박객 및 방문객이 방문하고 있다.

9

"텃밭을 정원의 개념으로"
실용적 텃밭과 정원의 만남

반슬레이 정원 디자인
Barnsley Garden

❸

반슬레이 정원 (20세기 후반)

디자이너: 로즈메리 비어리

정원타입: 텃밭 정원

· 작은 가정집 정원으로 디자인이 되었지만 지금은 레스토랑으로 활용되고 있음.

· 너른 잔디 광장과 라임나무 길과 같은 디자인도 가든 디자인의 좋은 참고서가
  되지만 특히 관상을 겸한 텃밭 가든 디자인이 압권.

· 키가 낮은 회양목을 이용해 텃밭 정원의 경계를 나누고 형태를 잡아 단순한
  채소의 재배를 떠나 텃밭 정원 자체가 관상용 정원이 될 수 있도록 구성.

· 로즈메리 비어리식 텃밭 정원 디자인이라는 영역이 생겨날 정도로 텃밭 정원
  의 디자인 교과서로 여겨짐.

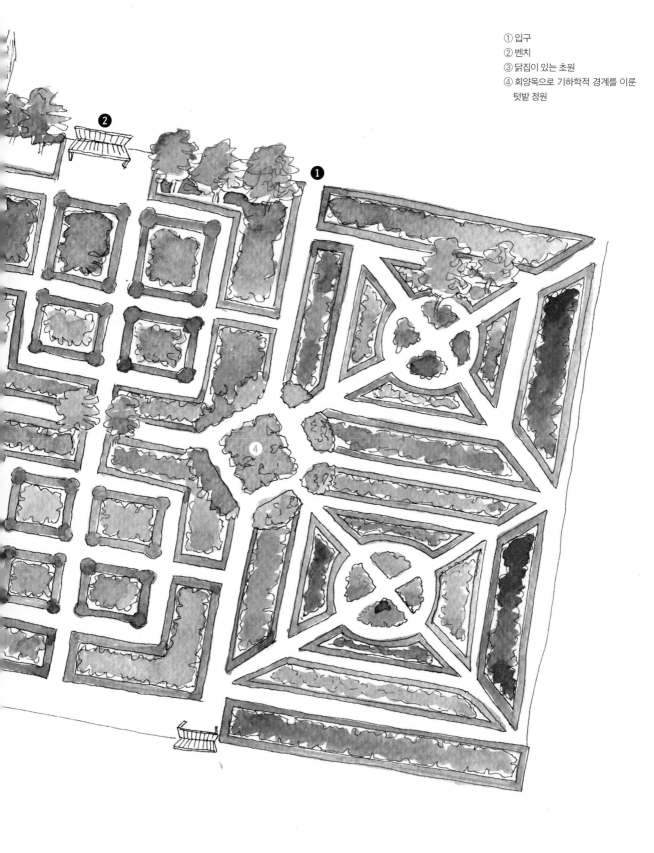

① 입구
② 벤치
③ 닭집이 있는 초원
④ 회양목으로 기하학적 경계를 이룬
   텃밭 정원

반슬레이 정원 속 가든 디자이너

로즈메리 비어리 Rosemary Verey(1918~2001)

영국의 가든 디자이너, 작가. 반슬레이 하우스에 자신의 정원을 만들면서 평범한 가정주부에서 유명 디자이너로 새로운 삶을 개척한 인물. 1984년 남편이 죽은 후 본격적인 가든 디자이너로 활동하며 찰스 황태자와 가수 엘튼 존의 정원을 디자인하는 등 영국뿐만 아니라 미국, 호주, 여러 나라에서 활발하게 활동했다. 때로는 추상적인 현대 조각물을 과감하게 정원에 활용하는 등 독특하면서도 개성 넘치는 가든 디자인 세계를 열었다.

영국식 식물 디자인의 맥을 잇는 가든 디자이너

1990년대 영국에서 가장 활발한 활동을 했던 가든 디자이너를 꼽으라고 한다면 로즈메리 비어리를 들 수 있다. 그녀는 찰스 황태자를 비롯해, 가수 엘튼 존, 프린세스 마이클 오브 켄트 등 영국 최고 상류층의 정원을 설계했고, 미국의 뉴욕 식물원에 작품을 남기기도 했다. 로즈메리 비어리의 디자인은 거트루드 지킬, 비타 새크빌웨스트에 이어 영국식 화려한 식물 정원의 맥을 잇고 있지만, 여기에 더해 엘튼 존 경의 사택 정원의 디자인에서 볼 수 있듯이 빨간 전화 부스 안에 서 있는 아프로디테의 여신상, 혹은 거대한 공룡이나 전차의 등장 등 파격적인 예술성도 보여준다. 그러나 로즈메리 비어리의 가장 대표적인 작품은 역시 그녀가 직접 디자인하고 만든 자신의 정원, 반슬레이 하우스(Barnsley House)의 텃밭 정원이다.

로즈메리 비어리가 디자인한 텃밭 정원의 초봄. 그녀는 채소와 과일을 재배하는 텃밭 정원도 정원으로 아름답게 디자인 될 수 있다는 것을 자신의 반슬
레이 정원에서 증명했다. 텃밭 정원 허수아비, 식물지지대까지도 정원의 요소로 끌어들여야 비로소 빛이 난다. 로즈메리 비어리는 단순히 생산에 목적
을 둔 텃밭에 관상용 과실수, 조형물, 경계처리 등을 이용해 정원의 개념이 될 수 있도록 디자인했다.

텃밭 정원도 화려하고 아름다울 수 있다

서양 개념의 텃밭 정원인 키친 가든(kitchen garden)은 '채소, 허브, 과실수'를 주된 소재로 만들어내는 정원을 말한다. 물론 텃밭 정원은 이미 중세부터 시작된 정원의 한 형태로, 로즈메리 비어리가 원조라고 볼 수는 없다. 하지만 이전까지의 텃밭 정원이 채소와 과일의 수확에 초점이 맞춰져 있었다면, 로즈메리는 이 텃밭 정원을 어떻게 하면 보다 아름답게, 그리고 기능적으로 디자인할 수 있는지를 제시했다.

그녀가 직접 디자인한 반슬레이 하우스의 텃밭 정원을 살펴보면 당시로서는 시도된 적이 없는 여러 개의 축을 만들어 시각적인 효과를 극대화했고, 수확을 위해 심어진 채소들이지만 각각의 채소들이 지닌 잎의 색상과 꽃이 계절별로 화려하게 부각될 수 있도록 디자인한 것을 볼 수 있다.

우연한 기회에 찾아온 명성

1939년 데이비드 비어리와 결혼한 로즈메리는 1970년이 될 때까지 34년간 평범한 삶을 살았다. 그녀가 남들과 조금 다른 점이 있었다면 정원 가꾸기를 누구보다 즐겼고, 직접 정원을 일구며 독학으로 많은 공부를 했다는 정도였다.

1970년, 로즈메리는 자선단체인 NGS(National Garden Scheme)의 권유로 1년에 6일 동안 입장료를 받고 자신의 정원을 개방하는 일에 동참하게 된다. NGS는 이렇게 동참한 일반 가정집이나 기업의 정원을 통해 얻게 된 입장료 수익금을 모아 자선기금으로 쓴다. 그런데 이 한 번의 동참이 로즈메리의 인생을 바꾸게 된다. 이때 공개된 그녀의 개인 집 정원이 말 그대로 선풍적인 인기를 끌었던 것이다. 그도 그럴 것이 누구나 텃밭을 일구어봤거나 혹은 일구고 싶은 열망은 있지만, 그것을 정원으로 아름답게 구성하는 일에 대해서는 미처 생각을 못하고 있을 때였기 때문이었다.

로즈메리 비어리는 폭발적인 인기에 힘입어 연중 내내 입장료를 받고 자신의 정원을 일반에 개방하게 되는데, 그 인기가 얼마나 높았는지 개인의 작은 정원에 무려 1년간 3만 명의 관람객이 다녀갈 정도였다.

텃밭 정원은 정원 일에 쓰이는 모든 소품이 디자인의 요소가 된다. 정원용 장화, 앞치마, 모자, 도구 등을 적절한 장소와 정원 속에 배치하는 것도 텃밭 정원의 묘미다.

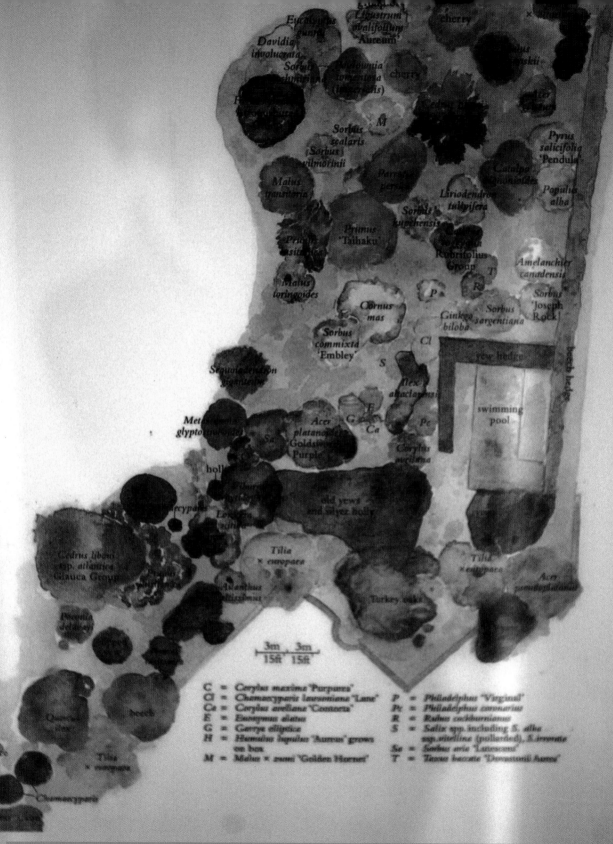

로즈메리 비어리의 식물 디자인 도면. 로즈메리는 정식으로 원예나 디자인 교육을 받은 적이 없다. 하지만 그녀는 독학으로 공부를 마치고 훗날 정식 가든 디자이너로 활동했다.

독학으로 습득한 원예와 가든 디자인

로즈메리 비어리는 공식적으로 원예와 가든 디자인을 배운 적이 없다. 하지만 누구보다도 스스로 원예와 예술, 디자인에 대한 공부를 많이 해왔고 그것을 꾸준히 글로 남겨 그녀만의 독특한 디자인 노하우와 원예 기술을 대중에게 선보였다. 사람들이 로즈메리 비어리에 열광할 수 있었던 것은 그녀가 단순히 식물을 잘 키우고 디자인을 잘했기 때문이 아니라, 자신의 책을 통해 정원에 대한 깊은 철학과 그녀 스스로가 터득한 교훈을 대중과 꾸준히 호흡했기 때문이기도 하다.

더불어 당시 1990년대 영국은 이른바 정원에도 모더니즘 바람이 거세게 불고 있어서 심플하면서도 감각적이고, 현대적인 작품을 선보였던 댄 피어슨(Dan Pearson), 크리스토퍼 브래들리홀(Christopher Braddley-Hole), 존 브룩스(John Brooks) 등의 작가들이 큰 인기를 끌고 있었다. 그런데 로즈메리 비어리의 작품은 마치 영국 시골에서 농부들이 스스로 꽃을 피워낸 코티지 가든처럼 아련한 향수를 자극하는 소박한 작품이 주류를 이뤘다. 하지만 어찌보면 딱히 디자인을 했다고 말할 수도 없는 그녀의 소박한 디자인 방식이 영국인들의 과거에 대한 향수를 자극하면서 오히려 더 많은 인기를 얻게 하는 원동력이 되었다.

반슬레이 정원

정원의 개방 이후 그녀는 끊임없이 자신의 집도 그의 정원과 비슷하게 디자인해달라는 요청을 받았지만, 1984년 남편이 먼저 세상을 뜨기 전까지는 전혀 일을 하지 않았다. 남편의 죽음과 함께 매우 늦은 나이에 일을 시작한 로즈메리는 이후 나이가 무색할 정도로 왕성한 활동을 했다. 특히 영국과 호주, 미국 등에서 이른바 최상류층의 마음을 사로잡으면서 가든 디자이너로서 명성을 쌓아가게 된다.

안타까운 점이 있다면 그녀의 디자인이 대부분 개인 소유의 정원이었던 탓에 미디어에 작품이 거의 노출되지 못했다는 것이다. 때문에 지금까지 남아 있는 로즈메리 비어리의 대표 작품은 역시 그녀의 첫 작품이면서 또 직접 디자인과 시공을 맡았던 자신의 집,

정원을 두 줄의 겹회양목으로 양분하고 있다. 잔디밭은 비어두는 공간으로 정원의 필수적인 공간 연출 요소다. 로즈메리는 큰 나무의 경우는 원래의 형태 그대로 유지를 하되 잔디를 감싸고 있는 공간은 원, 사각 등으로 형태를 잡아 딱딱함과 부드러움을 섞었다.

반슬레이 하우스 정원이라고 볼 수 있다.

반슬레이 정원에서 배우는
텃밭 정원 디자인 원리

로즈메리는 반슬레이 하우스의 정원을 설계하고 시공했으며 동시에 그곳에서 직접 원예 활동을 했다. 이 점이 다른 가든 디자이너와 근본적인 디자인의 차이점을 만들어내고 있다. 단순히 디자인만 하는 디자이너와 달리 로즈메리 비어리는 그곳에서 일을 해야 하는 사람, 그곳을 즐겨야 하는 사람의 시각으로 정원을 구성했다. 때문에 이곳에서는 간혹 디자이너들 작품에서 보이는 '디자인을 위한 디자인'의 공간이 전혀 보이지 않는다. 철저하게 그곳을 즐기는 사람들, 매일 그곳을 거닐며 일해야 하는 사람의 동선이 매우 능률적으로 그리고 감각적으로 구성되어 있다.

디자인 원리 1 | 비움과 채움의 반전

비움의 미학이 느껴지는 너른 잔디 공간 주변으로 초화류의 공간이 분리되어 있어 시각적으로 안정감이 느껴진다.

로즈메리 비어리는 비움과 채움의 공간 분리를 좋아했다. 반슬레이 정원 입구에서 제일 먼저 만나게 되는 공간은 비워져 있는 너른 잔디다. 그런데 이 잔디 주변으로 회양목을 이용해 경계를 만들고, 이 안에 가둬두는 형식의 화단을 조성했다.

반슬레이 정원 외에도 그녀가 디자인한 엘튼 존 경의 정원에서도 비워두는 공간을 매우 넓게 조성하고 일부의 공간을 아름다운 꽃이 피는 화려한 초화류 정원으로 만들어 비움과 채움으로 공간을 안배하고 있음을 볼 수 있다. 이렇게 정원을 조성했을 경우, 화려함은 조금 덜 할 수 있으나 시각적으로 좀 더 편안함과 안정감을 확보하게 된다.

디자인 원리 2 동선의 축을 만들다 - 동선의 간결화

반슬레이 정원을 처음 만들려고 했을 당시 비어리 부부는 전문 디자이너였던 퍼시 캐인(Percy Cane)에게 디자인을 맡길 계획이었다. 그러나 여러 차례 미팅을 통해서 로즈메리는 원하는 정원을 만들기 위해서는 자신이 직접 디자인을 해야 한다는 결론을 내렸다. 그런데 이 과정에서 로즈메리는 퍼시 캐인을 통해 '시선의 축'이라는 개념을 터득하게 된다. 그녀는 퍼시 캐인의 조언대로 사람이 걷고 있는 동선 속에서 전후, 좌우에 시선의 축을 만들어 동선을 간결화하는 것은 물론 다양한 볼거리를 만들어냈다.

채소와 과실수를 키우는 텃밭도 아름다운 정원이 될 수 있음을 보여주는 반슬레이 정원. 로즈메리 비어리는 방사선 형태의 길을 내고 초화류와 채소, 과실수를 섞어 아름다운 텃밭 정원을 구성했다.

디자인 원리 3 옛것을 되살려 활용한다

로즈메리 비어리는 정원을 디자인하며 영국식 전통 정원에서 많은 아이디어를 가져왔다. 특히 16세기 튜더 왕조 시절 영국에서 유행한 '매듭 정원(knot garden)'을 자신의 정원에 빌어와 활용했다. 매듭 정원은 '마치 매듭을 묶듯이 회양목을 이용해 테두리를 두르면서 칸칸의 공간을 만들어내는 기법'으로, 이 칸칸 속에 꽃을 길렀던 정원을 말한다. 로즈메리는 영국식 전통 매듭 정원의 형태를 가져와 그 안에 좀 더 풍성한 꽃과 채소, 허브를 심었다.

텃밭 정원은 자칫 수확에만 초점을 맞출 경우 지저분해지는 것을 피할 수가 없는데,

회양목의 경계가 마치 매듭을 꼰 듯 연결되어 있어 '매듭 정원'이라고도 불린다. 이러한 방식은 16세기 튜더 왕조 시절의 전통에서 유래한 것이었다.

5월 초순 반슬레이 정원의 풍경. 연분홍 사과꽃 아래 흰색 튤립과 파란 물망초의 색상 조합이 눈부시다. 식물 디자인은 이처럼 식물의 색과 형태를 조합시켜 아름다움을 극대화하는 것을 의미한다.

조각물을 감싸고 있는 하단의 회양목과 뒷편의 덩굴식물 조화가 아름답다. 정원의 조각물은 식물과 동떨어지지 않게, 조화를 이루도록 배치하는 것이 중요하다.

회양목 경계를 이용한 로즈메리의 방식을 통해 깔끔한 정리의 효과를 얻을 수 있다. 더불어 회양목의 경계가 채소나 허브가 지나치게 늘어지지 않도록 가두어 확실한 관상 효과를 노릴 수 있다.

디자인 원리 4 ┃ 꽃과 채소의 조합이 가져오는 아름다움

일반적으로 로즈메리 비어리 전에는 텃밭 정원을 만들면서 꽃을 이용하는 일이 거의 없었다. 하지만 로즈메리는 과감하게 텃밭 정원 안에 다양한 초본식물 꽃화단을 함께 구성해 관상의 효과를 극대화했다. 그녀가 텃밭 정원 안에 꽃을 심은 것은 단순히 아름다움을 위해서만은 아니었다. 식물에 대한 깊이 있는 공부를 통해 로즈메리는 채소, 허브와 함께 심어 병충해의 예방을 도울 수 있는 금잔화, 메리골드 등의 동반 식물을 적극적으로 정원에 도입했다.

디자인 원리 5 ┃ 예술 작품과 정원의 조화

로즈메리 비어리는 정원에 조각물 등의 예술 작품을 함께 선보이는 것을 좋아했다. 그녀의 정원에는 향수를 자극하는 그리스, 로마 신화에 등장하는 인물의 조각상을 배

치하여 감각을 엿볼 수 있게 했고, 대문이나 담장 등의 작업에서도 장인의 손길이 느껴지는, 공들여 쌓고 만든 흔적이 가득하다. 정원의 주인공이 식물임에는 틀림없지만 인간의 손길에 의해 만들어진 조각물이나 예술혼이 가득한 장식물은 또 하나의 멋진 주인공이 되어준다.

줄 맞춰 선 라임나무 길과 흐드러지게 피어 있는 혼합식재 화단이 나란히 서 있다.
로즈메리 비어리는 이런 전통과 모던, 딱딱함과 자유로움을 정원에서 잘 녹여냈다.

디자인 원리 6 │ 모던함과 전통의 만남

로즈메리 비어리는 19세기 빅토리아 시대의 향수를 불러일으키는 고풍스러운 디자인으로 당시 영국인들에게 큰 사랑을 받았다. 하지만 그녀가 단순히 옛것의 답습만을 했던 것은 아니다. 로즈메리는 모던 방식의 가든 디자인과 전통을 결합시켜 정원 안에서 조화를 이루도록 노력했다.

위의 사진에서 각 잡은 라임나무 오솔길과 자연스럽게 심어놓은 혼합식재 화단이 이웃해 있는 장면이 생각보다 조화로워 보인다. 디자이너가 현대적인 모던함과 전통적 요소, 딱딱함과 자유로운 요소가 조화를 이루도록 잘 녹여냈기 때문이다.

정원에서 막 가져온 꽃을 화병에 담고 있는 정원사. 반슬레이 하우스는 현재 레스토랑과 숙박업소로 이용되고 있지만, 로즈메리가 살아 있을 때의 모습을 유지하려고 노력하고 있다.

즐기기 위한 장소로서의 정원

로즈메리 비어리의 반슬레이 하우스는 부부가 죽고 난 후 지금은 레스토랑과 숙박소로 운영 중이다. 이제는 비록 영업 공간이 되었지만 정원만큼은 로즈메리 비어리가 살아 있을 당시의 모습을 그대로 유지하는 데 최선을 다하는 모습을 볼 수 있었다.

점심 무렵 식사 시간보다 조금 일찍 반슬레이 하우스에 도착했을 때, 그곳의 여자 정원사는 입구에 서서 정원에서 꺾어온 꽃과 잎을 화병에 담고 있었다. 정원을 돌아본 뒤, 식탁에 앉으려고 할 때 그녀가 다듬어 꽂은 꽃병이 놓여 있는 것을 발견했다. 순간 상큼함과 행복감이 표현할 수 없을 만큼 전해져왔다.

로즈메리 비어리는 다른 어떤 가든 디자이너보다 정원 일을 몸소 체험하고 즐겼던 사람이다. 때문에 그녀는 장식의 정원이 아니라 그 안에서 즐길 수 있는 정원을 디자인하는 데 최선을 다했고, 그것이 그녀의 정원을 거니는 동안에 말하지 않아도 절절하게 느껴졌다. 즐기기 위한 장소로서의 정원, 이게 진정 우리가 정원을 꿈꾸는 이유가 아닐까.

✻ 색으로 연출하는 식물 디자인

모든 식물은 잎, 줄기, 꽃에 색감을 지니고 있다. 이 색상을 이용해 식물을 혼합시키면 물
감을 이용해 그림을 그린 듯한 식물 연출이 가능하다. 식물이 꽃을 피우는 시기는 보통 이
른봄, 늦봄, 여름, 늦여름, 초가을로 구분이 된다. 때문에 꽃의 색감을 이용하려면 이 시기
에 따라 분류를 해보고, 어떤 색상으로 조합이 가능한지를 고려해야 한다.

반슬레이 정원의 백미로 꼽히는 라부르눔
덩굴나무(*Laburnum*)와 알리움(*Allium*)
의 터널.

❋ 텃밭 정원의 연출

채소와 과일을 키우는 공간인 텃밭은 기능과 디자인을 동시에 생각해야 한다. 반슬레이 하우스의 텃밭 정원은 크지 않게 여러 개로 공간을 나누고, 분할된 경계를 키 낮은 회양목으로 뚜렷하게 구획지었다. 또 사람이 다녀야 하는 공간과 밭의 공간을 분리시켜 텃밭 정원을 정갈하게 구성했음을 알 수 있다.

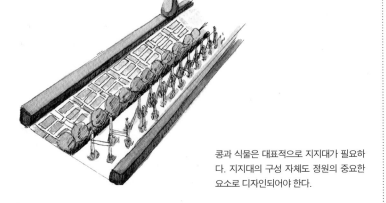

콩과 식물은 대표적으로 지지대가 필요하다. 지지대의 구성 자체도 정원의 중요한 요소로 디자인되어야 한다.

❋ 대문 디자인

정원을 여러 개의 공간으로 분할할 때 대문은 기능적·관상적으로 포인트의 역할을 한다. 텃밭 정원의 경우도 다른 정원과는 다른 뚜렷한 특징이 있기 때문에 대문을 만들어 별도의 영역으로 구획하는 것이 좋다. 대문은 나무, 쇠 등으로 자유롭게 구상이 가능하다.

❋ 질감 디자인

회양목을 이용한 디자인은 유럽에서는 매우 활성화되어 있고 우리나라에서도 회양목이 잘 자라주기 때문에 디자인적으로 활용이 가능하다. 둥글게 모양을 잡아 변화를 주게 되면 올록볼록 엠보싱 효과의 질감 디자인이 가능해진다. 식물의 질감을 이용한 디자인은 색상보다는 선명한 명암 효과를 일으켜 정원을 좀 더 뚜렷하고 간결하게 만든다.

영국 이스트서섹스에 위치한 그레이트딕스터 정원은 건축가 에드윈 루티엔스에 의해 1910~1912년 사이 대대적인 보수가 일어났고, 이 시기에 정원의 틀이 완성되었다. 토피어리, 초원풍 정원, 초화류 화단, 텃밭 정원, 연못 정원으로 정원이 세분화되어 각각의 정원마다 특징이 뚜렷하다. 특히 크리스토퍼 로이드에 의해 새롭게 소개된 '열대식물 화단'이 유명하다.

10

"식물로 가득 찬 정원"
21세기 원예 정원의 완성

그레이트딕스터 정원 디자인
The Great Dixter Garden

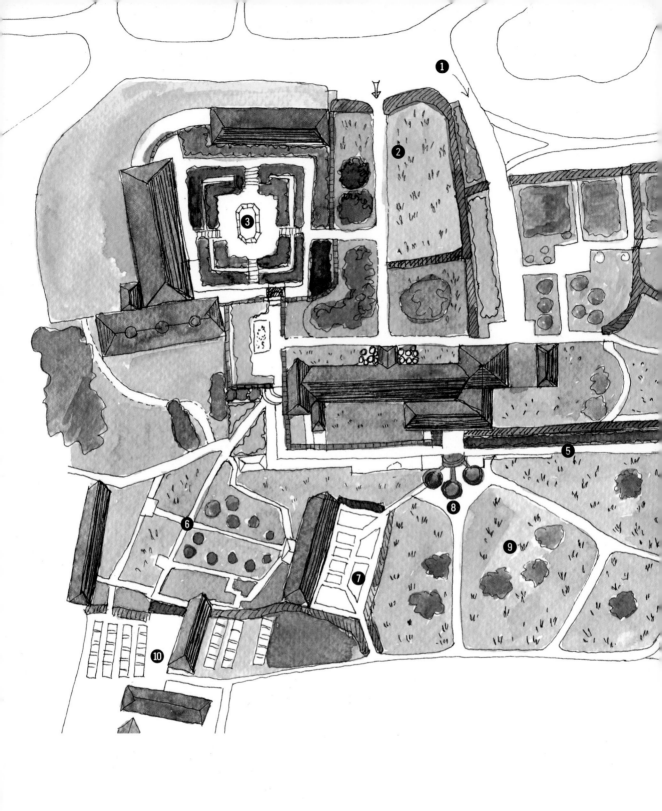

그레이트딕스터 정원 (21세기)

디자이너: 크리스토퍼 로이드
정원타입: 21세기 모던 아트앤드크래프트 정원

· 15세기에 지어진 집을 새롭게 수리하면서 조성된 정원.
· 아트앤드크래프트 건축가였던 에드윈 루티엔스가 건물의 리모델링과 정원의 형태를 잡음.
· 이곳에서 태어나고 자란 크리스토퍼 로이드는 자신만의 감각으로 정원에 새로운 방식을 도입.
· 온대기후 지역이지만 과감하게 열대식물을 도입하여 '열대식물화단 디자인'의 영역을 구축.
· 야생화가 피어나는 초원을 연상시키는 정원 타입을 도입하면서 '메도 정원'이라는 용어를 탄생시킴.
· 식물을 과감하고 풍성하게 쓰는 기법으로 식물 디자인의 독보적 영역을 실험했던 정원.

크리스토퍼 로이드 Christopher Lloyd (1921~2006)

영국의 가드너, 저자. 거트루드 지킬의 계보를 잇는 모던 아트앤드크래프트 정원 디자이너로 명성을 쌓았다. 케임브리지 대학에서 현대언어를 전공했지만 졸업과 동시에 전문 정원사로서의 길을 개척하기 시작했다. 어린 시절부터 어머니로부터 원예 일을 배웠고 어머니의 소개로 거트루드 지킬을 만나 가든 디자인의 노하우를 습득한 것으로 알려져 있다.

....

퍼거스 개릿 Fergus Garrett

현재 그레이트딕스터 정원을 가꾸고 있는 정원사로, 크리스토퍼와 함께 정원의 모든 디자인과 원예법을 의논한 것으로 알려져 있다. 크리스토퍼가 죽은 후에도 그레이트딕스터에 남아 재단의 대표로 정원을 꾸준히 진화시키고 있다.

....

데이지 로이드 Daisy Lloyd

크리스토퍼 로이드의 어머니로 그레이트딕스터 정원의 식물 구성과 가든 디자인의 기초를 만든 사람이다. 크리스토퍼는 데이지 로이드의 막내 아들로 어린 시절부터 어머니를 따라다니며 정원에서 식물 공부를 했던 것으로 알려져 있다. 초원풍 정원, 토피어리 정원은 크리스토퍼가 어머니를 생각하며 구성한 곳으로 아직도 그레이트딕스터 정원에 잘 남아 있다.

21세기의 위대한 가든 디자이너

2006년 크리스토퍼 로이드가 85세의 나이로 세상을 떠났을 때, 영국 언론은 21세기의 가장 위대하고 영향력 있는 정원사가 사라졌다는 표현으로 그의 죽음을 애도했다. 크리스토퍼 로이드는 정원사와 가든 디자이너의 영역을 통합적으로 오가며 왕성한 활동을 했던 사람이었다. 그는 한 번도 자신을 가든 디자이너로 칭하지 않았지만, 그의 풍성한 식물 연출은 식물 디자인의 교과서로 여겨질 정도로 다양하고 실험적인 시도가 많았다.

정원사를 꿈꾸던 소년

크리스토퍼 로이드의 아버지 너새니얼 로이드는 당시 영국에서 불고 있던 아트앤드 크래프트 운동을 주도했던 사람으로 포스터 디자이너였다. 그는 동지이자 지인이었던 건축가 에드윈 루티엔스와 절친한 사이었고, 훗날 자신이 구입한 15세기 가옥의 확장과 수리를 에드윈에게 맡기기도 했다.

크리스토퍼 로이드가 만든 너서리(nursery)의 모습. 너서리는 다양한 식물과 원예용품을 판매하는 곳으로, 정원 문화가 광범위하게 확산되어 있는 영국에서는 각각의 정원이 이 너서리의 판매와 정원 입장료를 바탕으로 수익을 만들어낸다.

이런 환경에서 아버지 너새니얼과 그의 부인 데이지 사이에서 여섯 번째 막내 아들로 태어난 크리스토퍼는 어린 시절부터 예술적 성향이 뛰어났다고 전해진다. 그에게 정원에 대한 열정을 물려준 사람은 바로 어머니 데이지였다. '그레이트딕스터(Great Dixter)'라고 이름 붙여진, 에드윈 루티엔스가 개조한 집에서 태어난 크리스토퍼는 걸음마를 시작하면서부터 어머니를 따라 정원 일을 터득했고, 그것을 꼼꼼히 기록으로 남겨 훗날 전업 정원사로 일하는 데 커다란 밑거름을 만들었다. 그러나 정원에 대한 열정을 뒤로하고 명문 사립고등학교인 럭비 스쿨(Rugby School)에 다닐 만큼 그에 대한 집안의 기대는 컸다.

고등학교 졸업 후 그는 영국 최고의 명문 대학인 케임브리지 대학, 킹스 칼리지에 입학, 프랑스어와 독일어를 공부하게 되지만 그의 대학 시절은 세계대전 참전으로 일시 중단된다. 고등학교 시절부터 자신의 장래 희망은 정원사라는 말을 입버릇처럼 달고 살았지만 주변의 만류로 뜻을 펼칠 수 없었던 그는, 전쟁을 치르면서 점점 더 세상에 대한 회의가 깊어짐과 동시에 정원에 대한 열정이 되살아남을 느낀다. 결국 전쟁이 끝난 뒤 그는 케임브리지 대학을 나와 런던 대학에서 '관상 원예학(Decorative Horticulture)'으로 학사와 석사 학위를 받았고, 이후 4년 간 강사로 일했다. 그리고 강사 일을 그만둔 후 자신의 옛집인 그레이트딕스터로 돌아가 평생을 전업 정원사로서 살게 되었다.

데이지 로이드가 개발한 메도 정원. 크리스토퍼의 어머니 데이지는 원예 기술이 대단했고 정원에 대한 관심이 누구보다 열정적이었다.
데이지는 마치 초원을 연상시키는 풀과 꽃이 가득한 정원을 꿈꾸었고, 이것을 크리스토퍼가 이어받아 자연스러운 초원의 과수원으로 완성시켰다.

에드윈 루티엔스의 상징과도 같은 반달형 돌 계단. 크리스토퍼 로이드는 그 위에 붉은 양귀비꽃을 심어 강렬함을 더했다.

공부하는 정원사의 삶을 개척하다

크리스토퍼가 전업 정원사의 삶을 결심했을 때 주변의 모든 지인들은 그를 말렸다. 정원 문화가 발달한 영국이라고 해도 정원사의 직업적 지위가 그리 높지 않았던 탓에 화려한 학벌을 뒤로하고 전업 정원사로서의 삶을 살려는 그를 말리는 것은 어쩌면 당연한 일이었다. 그러나 그는 과감하게 자신의 고향으로 내려가 식물을 키우는 농장인 너서리(nursery)를 열고 정원사로서의 본격적인 출발을 알렸다.

이후 그는 평생 동안 오직 정원사로서 자신의 일에 대한 자부심과 열정을 지니고 살았다. 특히 그는 '공부하는 정원사'라는 입지를 탄탄히 만든 것으로 유명하다. 단순히 경험의 축적으로 정원을 관리하는 것이 아니라 끊임없이 식물과 흙, 과학에 대해 공부함으로써 불가능하다고 여겨진 식물의 재배에 수없이 도전했고, 수많은 실험적 원예기법을 도입하는 데 성공하기도 했다.

그는 생전에 총 일곱 권의 책을 출판했고, 각종 신문과 잡지에 정원 관련 글을 평생 동안 연재했다. 특히 그는 단순히 식물에 대한 과학적 지식이나 원예의 노하우만을 전달했던 것이 아니라, 인간과 정원, 인간과 식물에 대한 철학적이면서 깊은 내면의 성찰을 담아 정원 글쓰기의 새로운 분야를 구축한 문인으로도 높이 평가되고 있다. 크리스토퍼 로이드는 독신으로 삶을 마감했지만 수많은 지인들과 후배, 제자들을 양성하는 기쁨을 누렸다. 더불어 그는 정원을 가꾸는 데에만 그 의미를 두지 않고, 지인들을 초대해 음식을 베풀고 정원을 즐기는 일에도 남다른 애정을 쏟아, 정원이 주는 진정한 즐거움을 만끽했던 사람이기도 했다.

시공간을 뛰어넘는 조화, 그레이트딕스터 정원

크리스토퍼 로이드를 언급하면서 빼놓을 수 없는 곳이 바로 그레이트딕스터다. 그레이트딕스터는 정원뿐만 아니라 건물 자체로도 그 가치를 크게 인정받고 있는 곳이다. 그레이트딕스터는 아버지 너새니얼 로이드가 1910년에 구입한 것으로, 15세기에 건축된 가옥이 있던 터였다. 그는 이 오래되고 낡은 집을 그대로 살리면서 여기에 당시 켄트 지

그레이트딕스터는 정원뿐 아니라 시공간을 뛰어넘는 15세기와 16세기 건축 양식의 혼합으로도 큰 관심을 얻고 있다. 중세풍의 건물에 크리스토퍼는 모던한 감각으로 모던 아트앤드크래프트식 정원 꾸밈을 이어갔다.

크리스토퍼는 화단에 흙이 보이지 않을 정도로 빽빽하게 식물을 심어 풍성하게 연출하는 것을 좋아했다. 맨 뒤로 보이는 나무군들 앞으로, 주목나무의 초록 틀이 보이고, 그 앞으로 초본식물의 그룹으로 심겨 있다. 식물의 층이 수평과 수직으로 깊게 느껴지는 식물 디자인 기법으로 '풍성함'과 '강렬함'을 그대로 보여준다.

역에 남아 있던 16세기 건물을 뜯어와 확장을 시도했다. 이 확장 공사의 책임자로 지인이었던 에드윈 루티엔스가 임명되었고, 너새니얼은 에드윈과 함께 15세기의 오래된 부분을 살리면서도 16세기의 전혀 다른 양식을 혼합시키는 독특한 방식으로 그레이트딕스터를 완성해갔다.

정원에 있어서도 전체 구성은 에드윈 루티엔스가 맡았다. 훗날 크리스토퍼가 물려받은 뒤, 그 원형은 크게 훼손되지 않은 채 식물의 구성을 보강했다.

그레이트딕스터 정원에서 배우는
식물 디자인 원리

크리스토퍼는 언젠가 인터뷰를 통해 이렇게 말했다. "나는 정원을 디자인할 자신은 없다. 나는 단지 식물들이 잘 자랄 수 있도록, 또 잘못되었을 때 그것을 극복할 수 있도록 노력할 뿐이다." 그의 말처럼 그는 정원을 디자인하기보다는 정원의 식물이 어떤 모습으로, 어떻게 잘 살 수 있는지를 끊임없이 연구했던 정원사이자 디자이너였다.

디자인 원리 1 **식물의 구성은 최대한 풍성하게**

크리스토퍼는 다른 가든 디자이너들에 비해 식물을 풍성하게 쓰는 것을 좋아했다. 흙이 보이지 않을 정도로 빽빽하게 식물을 심어 빈자리를 찾아볼 수 없는 것이 그의 디자인의 가장 큰 특징이다. 특히 에드윈 루티엔스의 디자인을 걷어내고 처음으로 자신만의 느낌으로 만든 롱 보더(long border)는 그가 얼마나 빽빽한 식물 심기를 즐겼는지를 그대로 보여준다.

식물을 이렇게 빽빽하게 심었을 때의 가장 큰 단점은 영양분을 두고 식물들이 서로 다투면서 전체적으로 빈약해질 수 있다는 것인데, 이를 막기 위해 크리스토퍼는 해마다 엄청난 양의 퇴비와 거름을 화단에 투입해 영양분 공급이 빈약해지는 것을 막았다.

강렬한 원색과 볼륨감으로 굵고 진하게!

크리스토퍼는 화단의 디자인에서 파스텔 톤의 잔잔함을 강조하는 방식을 싫어했다. 그는 정원의 모든 꽃과 잎이 자신만의 원색 느낌 그대로 살아나기를 바랐고, 전체적 어우러짐보다 식물 하나하나가 각자 소리를 지르듯 굵고 진하게 떠들어주기를 원했다. 덕분에 크리스토퍼식 식물 디자인은 어디에 눈을 둬야 할지 모를 정도로 복잡하고 화려하게 연출되었다. 그러나 이런 복잡함이 어지럽지 않고 마치 각각의 보석이 빛을 내는데 그것 자체가 극도로 화려하게 조화를 이루는 것처럼 보인다.

이런 디자인을 선보일 수 있었던 것은 식물에 대한 지식에 앞서 예술적 감각이 뛰어났던 크리스토퍼의 특별한 색채 감각 덕분이었다. 그는 마치 후기 인상주의 화가인 고흐나 모네가 그려낸 그림처럼 쉽게 어울릴 수 없는 강한 원색들을 과감하게 혼합해 쓰면서 그 안에서 훌륭한 조화를 찾아낼 수 있도록 화단을 구성했다.

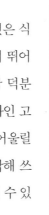

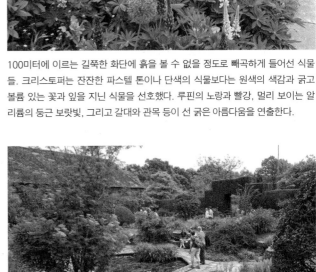

100미터에 이르는 길쭉한 화단에 흙을 볼 수 없을 정도로 빼곡하게 들어선 식물들. 크리스토퍼는 잔잔한 파스텔 톤이나 단색의 식물보다는 원색의 색감과 굵고 볼륨 있는 꽃과 잎을 지닌 식물을 선호했다. 루핀의 노랑과 빨강, 멀리 보이는 알리륨의 둥근 보랏빛, 그리고 갈대와 관목 등이 선 굵은 아름다움을 연출한다.

그레이트딕스터 정원의 '8각 정원(octagonal pool)'. 1910년 에드윈 루티엔스는 밑으로 꺼지는 8각형의 정원을 만들었다. 자칫 지나치게 규격화된 형태로 단조로울 수 있는 이 공간에 크리스토퍼는 식물이 자유롭게 자라도록 안배해 딱딱함과 자유로움이 조화를 이루도록 구성했다.

정해진 틀 속의 자유로움

크리스토퍼의 디자인은 경계선 없이 흐드러지게 넘치는 타입으로 식물을 심는 것이 특징이다. 특정한 디자인의 틀을 잡거나 식물 자체에 어떤 모양을 주려고 하지 않고, 제멋대로 자란 식물이 다른 식물을 덮치기도 하고 넘어서기도 한다. 그가 이렇듯 식물의 자유로움을 즐길 수 있었던 것은 에드윈 루티엔스가 그려놓은 정형화된 구획 정리가 있었기 때문이었다. 크리스토퍼는 루티엔스가 만들어놓은 기하학적 모양의 틀, 혹은 규칙성을 지닌 형태 속에 지나칠 정도로 자유롭게 식물을 심어 조화를 맞추는 데 주력했다.

이런 디자인 노하우는 이미 거트루드 지킬을 통해서 시도되었던 것으로, 크리스토퍼는 여기에 좀 더 남성적이면서도 거친 느낌의 자유로움을 더했다. 그런데, 이 디자인의 핵심은 절대적 균형 감각에 있다. 만약 에드윈 방식의 딱딱한 디자인이 없었다면 크리스토퍼의 과감하고 자유로운 식물 디자인은 자칫 지저분함으로 끝날 가능성이 많다.

디자인 원리 4 ┃ 혼합의 매력을 극대화하다

크리스토퍼는 자신의 책에서 다음과 같은 언급을 했다. "나는 재료(식물)를 섞어쓰는 것을 매우 좋아한다. 그것은 마치 물감을 섞어서 쓰는 것과 비슷하다. 각각의 재료들은 고유의 멋을 지니고 있고, 그 멋들이 만나 다양함을 만들어낸다".

그의 말처럼 그레이트딕스터 정원에서는 단색이나 혹은 파스텔 톤의 잔잔함과 고요함을 찾아보기 힘들다. 특히 그가 개발한 혼합 심기(mixing planting)는 화단에 키가 큰 나무, 키 작은 관목식물, 다년생 초화식물, 그리고 1년생 식물까지 모두 한꺼번에 혼합을 시키는 기법으로, 화단 자체가 매우 화려하다. 이 혼합 심기 화단의 가장 큰 장점은 초본식물로만 구성된 화단에서는 겨울이 되면 모든 식물이 잎을 떨구어 허전해지는 단점이 발생하는데 이를 보완할 수 있다는 점이다. 하지만 단점이라면 끊임없이 정원사의 관리가 필요하다는 것이다. 1년생 식물은 해마다 꽃이 지고 난 후 그것을 대체할 새로운 식물을 공급해야 하고, 초본식물의 경우도 자리를 옮겨 심거나 분갈이를 해주는 등의 지속적인 관리가 필요하다.

디자인 원리 5 ┃ 전통은 남겨둘 것

크리스토퍼는 개인적으로 유럽의 전통 정원 양식 가운데 하나인 토피어리를 그리 좋아하지 않았다. 토피어리는 주목(*Taxus*), 회양목(*Boxus*), 쥐똥나무(*Ligustrum*), 측백나무(*Juniperus*) 등의 나무를 동물 혹은 기하학적 문양으로 모양내 잘라주는 것을 말한다. 하지만 그는 정원을 손보며 이 토피어리를 제거하지는 않았다. 싫든 좋든 자신의 기호와 상관없이 전통으로 남아 있는 부분은 잘 보존되어야 한다는 영국 특유의 문화 존중이 있었기 때문이다.

유럽의 정원에서 빠지지 않고 등장하는 토피어리. 토피어리는 식물을 특정한 모양에 따라 깎고 다듬어 정원에 진열하는 것으로, 유럽에서는 이 토피어리의 모양이 현란할수록 정원의 가치를 높게 보았다.

대신 그는 날카롭게 날을 세워 모양을 잡던 토피어리를 조금은 자유롭게 재구성했다. 이렇게 전통을 이어간다는 것은 다른 문화뿐만 아니라 정원에서도 매우 중요하다. 지금 자신의 취향과 맞지 않는다는 이유로 없애버린다면, 문화와 전통은 결국 끊기게 되고 훗날에는 그 회복이 거의 불가능하기 때문이다.

디자인 원리 6 **특별한 매력을 찾아라**

바나나 나무가 무성하게 잘 자라는 열대지방에서 바나나를 정원의 아이템으로 가져오는 일은 특별할 것이 없다. 하지만 바나나가 자랄 수 없는, 겨울 추위가 매서운 온대지방에서 바나나를 키울 수 있다는 것은 특별한 기쁨과 신선함으로 다가온다.

크리스토퍼는 어떤 정원사보다 다양한 실험과 시도를 해왔던 사람이었다. 그는 오래된 장미 정원을 걷어내고 그 자리에 '열대식물 화단(exotic bed)'을 만들기 시작했다. 여름 기온이 25도에 머물고 햇볕조차 구름을 잘 벗어나지 못하는 영국에서는 온실이 아닌 바깥 화단에서 열대식물을 키운다는 것이 거의 불가능한 일이다. 그러나 그는 이런 조건을 이겨내고 열대식물로 구성된 화단을 조성하기 시작했고, 식물들이 이런 열악한 조건을 잘 이겨낼 수 있도록 과학적 지식을 총동원했다. 늦게 싹을 틔우는 탓에 이 화단은 6월부터 9월까지가 절정이다. 화단에는 영국에서 보기 힘든 열대의 식물, 달리아(*Dahlias*), 바나나 나무(*Musa basjoo*), 칸나(*Canna*), 아주까리(*Ricinus*)가 구성되어 그 화

키가 큰 나무, 키가 작은 관목, 초본식물에 1년생 초화식물까지 혼합 심기로 구성된 정원. 크리스토퍼는 색채와 형태만으로 식물을 혼합한 것이 아니라, 식물의 성장 주기에 따라 식물이 지속될 수 있도록 안배해 화단에서 봄부터 늦여름까지 끊기지 않고 꽃이 피고 질 수 있도록 구성했다.

크리스토퍼가 조성한 열대식물 정원. 사진은 아직은 미완의 모습으로, 이 정원은 2006년 크리스토퍼가 죽은 뒤 이곳의 헤드가드너 퍼거스 개릿에 의해 2007년 완성되었고, "Exotics garden"이라는 제목의 책으로도 함께 출판되었다.

려함과 선 굵은 볼륨을 보여준다.

for the Thinking Gardener

정원 일이 선사하는 많은 기쁨!

크리스토퍼의 정원과 원예에 대한 철학은 한결같았다. 그는 "관리하기에 수월하면서 보기에도 좋은 사계절 정원을 어떻게 만들 수 있을까요?"라는 질문에 언제나 "그런 정원은 없습니다"로 못을 박았다. 그는 아름다운 정원은 그만큼 정원사의 끊임없는 손길과 노동력을 필요로 한다고 단언했다. 다만 그는 정원에서의 노동이 우리에게 얼마나 많은 기쁨을 선사하는지 느껴볼 것을 주문했다.

죽기 얼마 전까지도 그는 가장 아끼는 후배이자 동료였던 헤드 가드너, 퍼거스 개릿과 함께 그레이트딕스터 정원의 미래 계획을 세웠다고 한다. 자손이 없는 그는 재단을 만들어 그레이트딕스터 전체를 기증했고, 20년 가까이 일해온 퍼거스 개릿을 중심으로 그레이트딕스터가 미래에도 다양한 모습으로 원예의 메카가 될 수 있도록 하는 법률적 장치를 마련해두었다.

그의 정원 철학은 정원을 디자인하며 한번쯤 되새겨볼 필요가 있다. 어쩔 수 없이 편하고 단순하고 쉬운 것을 추구하는 우리에게 그는 오래 걸리고, 복잡하고, 어려운 것이 정원이고, 이 정원이 우리에게 행복을 준다고 말하고 있기 때문이다.

❋ 바닥 디자인

바닥 처리는 가든 디자인에서 매우 중요한 요소다. 정원에서는 사람이 다니는 길, 차가 다니는 길 등으로 바닥이 구별되는데 각각의 용도에 맞는 두께와 재료를 사용해야 한다. 바닥에 그림을 그리거나 혹은 자갈이나 돌을 이용해 디자인을 하는 경우도 많은데, 그레이트딕스터의 경우는 두 마리의 개 그림을 자갈의 색상을 이용해 구성을 했다. 그 외에도 특정한 패턴이나 문양을 만들어내는 방식을 활용할 수 있다.

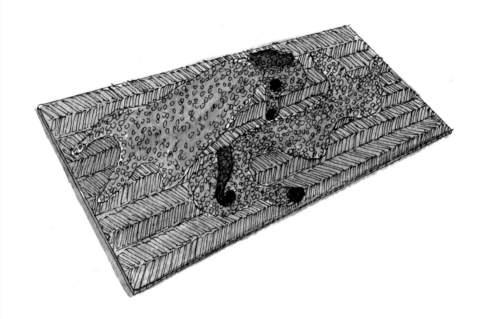

❋ 선큰 가든 디자인 연출

연못 디자인은 자연스러운 형태로 구불거리는 선을 이용할 수도 있지만, 기하학적 형태를 이용해 조형적인 멋을 내기도 한다. 또 연못을 지면보다 낮게 파서 내려앉는 정원을 연출할 수 있는데 이런 디자인은 방수에 대한 문제를 줄이면서도 아늑함과 함께 공간을 좀 더 폐쇄적으로 만들어 독립성을 갖게 한다.

지면 아래로 파고 들어가는 연출은 정원에 매우 다른 묘미를 준다. 가장 큰 장점은 안락함과 안정성이다. 더불어 시각적으로 내려다보는 효과를 줄 수 있기 때문에 색다른 연출이 가능해진다.

✳ 토피어리 이용하기

식물을 특정 모양으로 만들어 키우는 토피어리는 우리나라에서는 다소 생소한 정원의 연출 방법으로 강렬한 주제를 전달하거나 흥미를 유발시키는 데 아주 유용하다. 토피어리는 주목, 측백 등의 상록수를 이용해 만든다. 모양은 주로 피라미드, 기둥, 새, 다람쥐 등의 동물 문양, 기하학적 형태로 디자인된다.

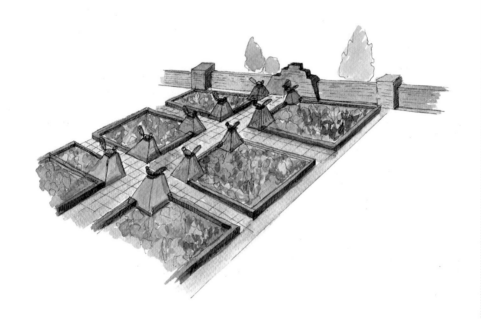

부록

플라워 쇼를 통해 배우는 현대 가든 디자인의 경향과 실제

가든 디자이너 오경아의 가든 디자인 스케치

플라워 쇼를 통해 배우는
현대 가든 디자인의 경향과 실제

플라워 쇼란 무엇인가?

플라워 쇼(Flower Show)의 기원을 찾는 일은 쉽지 않다. 언제부터, 어디에서, 누구에 의해 이런 행사가 행해졌는지에 대한 정확한 기록은 없지만, 일종의 마을 축제로 아주 오래전부터 1년에 한두 번(봄과 늦여름)씩 직접 키운 꽃과 열매를 전시하고, 서로 상을 주며 축하하던 풍습에서 그 기원을 찾을 수 있다. 지금도 유럽의 마을에는 이 풍습이 그대로 이어져 규모에 상관없이 동네의 너른 공원을 이용해 플라워 쇼가 개최되고 있다. 이 마을 단위의 축제가 좀 더 조직적으로 크게 발전된 모습이 오늘날의 국제 플라워 쇼의 모습이라고 볼 수 있다.

플라워 쇼의 기원은
식물의 부활에 대한 감사

그렇다면 마을에서 1년에 한 번씩 정기적으로 치렀던 유럽인들의 축제는 어디에서 비롯된 것일까? 고대 그리스의 신화 속에는 아도니스(Adonis)라는 미소년의 이야기가 나온다. 아도니스는 빼어난 아름다움으로 미의 여신, 아프로디테의 사랑을 받았지만 사냥의 여신인 아르테미스의 미움을 산 나머지 성난 멧돼지의 공격을 받아 죽고 만다. 죽은 아도니스를 지하 세계로 보내지 않기 위해 아프로디테는 아도니스를 꽃으로 환생시키지만 지하 세계 죽음의 여왕인 페르세포네 역시 아도니스의 아름다움에 반해 그를 놔주지 않는다. 결국 두 여

존 라인하르트 웨글린의 〈아도니스의 정원(The Gardens of Adonis)〉1888, 캔버스에 유채, 93x135cm, 고대 그리스에서 해마다 열렸던 아도니스 축제를 묘사한 그림.

영국 첼시 플라워 쇼에서 원예 품종을 감상하고 있는 관람객들. 플라워 쇼의 기원은 정확하지 않지만, 유럽에서는 고대 그리스 시대부터 겨울을 이겨내고 새싹을 틔워내는 식물의 재탄생을 축하하는 축제를 크게 열었다. 아직도 유럽의 작은 마을에서는 소규모의 마을 잔치인 플라워 쇼가 열리고는 하는데, 이런 마을의 축제가 훗날 더 크게 조직화되면서 플라워 쇼로 재탄생된 것으로 추정된다.

신의 싸움을 중재하기 위해 나선 제우스는 아도니스를 여덟 달은 지상에서 꽃으로, 나머지 네 달은 지하 세계에 머물게 한다. 고대 그리스인들은 아도니스가 지하 세계에서 넉 달을 보낸 뒤, 다시 지상으로 올라오는 때를 기념해 축제를 벌이고는 했다.

아도니스의 신화를 좀 더 확장해 해석해보자. 아도니스는 식물 자체를 상징하는 신으로, 더 크게는 자연이 넉 달 동안 겨울잠에 들었다가 다시 부활함을 의미한다. 아도니스를 기리는 축제를 흔히 아도니아(Adonia)라고 하는데, 축제의 시기는 해가 바뀌고 일곱 번째 보름달이 뜨고 아홉 번째 날이 되었을 때였다. 결론적으로 7월 혹은 8월에 축제가 열린다. 봄이 아니라 여름에 이 축제가 열린 이유는 채소나 식물들이 열매를 맺는 시기에 초점을 맞춘 것으로 보인다. 아도니아의 축제날이 되기 전까지 그리스의 여인들은 화분에 빠르게 싹을 틔울 수 있는 상추, 밀, 보리, 펜넬 등을 옥상에서 키웠다. 그리고 축제날이 되면 화분 속의 식물을 마을로 들고 나와 성대한 축제를 연 뒤, 바다를 향해 띄워 보내며 아도니스의 부활을 기뻐했다.

이와 비슷한 행사로 히아신스(Hyacinth)의 죽음과 부활을 기리는 히야신스 축제가 있다. 아도니스의 개념이 히아신스라는 미소년으로 바뀌었을 뿐, 그 맥락이 매우 비슷하다. 어쨌든 이렇게 식물의 재탄생을 기리는 오래된 전통이 지금의 유럽을 대표하는 플라워 쇼의 시작임에는 틀림이 없어 보인다.

플라워 쇼의 역할

마을 축제 개념의 플라워 쇼는 그 규모가 점차 커지면서 조금 더 조직적인 프로그램을 갖추기 시작했다. 국제적 규모로 가장 역사가 깊은 플라워 쇼로는 영국의 첼시 플라워 쇼(Chelsea Flower Show)가 있다. 이 쇼는 그 시작이 1800년대 초반으로, 처음에는 채소, 과일수, 관상식물 등에 있어 새로운 품종을 보여주는 것으로 시작되었다. 처음에는 단순히 여러 종의 식물을 선보이는 차원에 그쳤지만, 그 후에는 가장 잘된 품목에 상을 주는 경쟁이 생겨났다.

획기적인 변화가 찾아온 것은 1913년의 일이었다. 국제원예박람회(International Horticultural Exhibition)로 이름을 바꾸면서 단순히 식물 품종을 소개하는 쇼에서 벗어나 디자인을 선보이기 시작한 것이다. 플라워 쇼의 이러

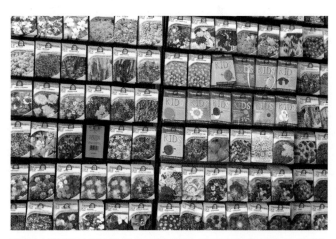

플라워 쇼의 가장 큰 역할 중 하나는 원예 산업과 소비자의 만남을 중재하는 일이다. 영국 첼시 플라워 쇼에서 신품종을 비롯한 채소 및 관상식물의 씨앗을 파는 부스의 모습.

한 진화는 당연한 수순이었다. 신품종의 원예 식물을 아무리 개발해도 정원 문화 자체가 발전하지 않는다면 사람들의 관심이 줄어들 것이 분명했기 때문이다. 전문 가든 디자이너에 의해 제안된 쇼 가든(Show Garden)을 보면서 사람들은 자신의 정원을 조금 더 아름답게 연출하고 싶은 욕심을 내게 되었고, 이로 인해 원예와 관련된 산업이 활성화될 수 있었다.

비슷한 예로 패션 쇼가 있다. 의류 산업의 발달을 위해서는 소비자의 구미를 자극할 수 있는 새롭고 신선한 패션 디자인이 필요하다. 패션 쇼는 지금 당장 입을 옷을 보여주는 것이 아니라, 디자이너가 그리는 그해의 경향과 유행 감각을 미리 살펴볼 수 있는 행사로, 이를 통해 직물업자들은 직물의 패턴을 연구하고, 의류업체는 디자인 경향을 본떠 소비자가 좋아할 만한 감각적인 옷을 만들어 팔게 된다. 결국 패션 쇼가 패션이라는 문화를 이끌어가는 원료가 되듯이, 플라워 쇼에서 선보이는 가든 디자이너의 정원도 같은 역할을 하는 셈이다.

여기서 플라워 쇼의 가장 큰 역할 하나가 부각되는데 바로 '산업과 소비자 사이의 중재'다. 플라워 쇼의 효과를 단순히 '입장객이 얼마나 찾아왔는가' 하는 관람객의 숫자만으로 평가하기 힘든 이유도 여기에 있다. 얼마나 많은 새로운 정원 관련 제품과 식물의 새로운 품종이 출시되고, 그것이 얼마나 많은 바이어 혹은 소비자들과 연결이 되었는가, 또 이로써 정원 관련 산업의 발달에 얼마나 큰 역할을 했느냐에 더 많은 중요성이 있기 때문이다.

플라워 쇼 속의 가든 디자인 경향

최근 플라워 쇼의 경향은 앞서 밝힌 대로 식물 품종을 소개하는 차원에서 벗어나 가든 디자인 쇼로 발전하고 있다. 그만큼 가든 디자이너의 활동도 매우 활발해지고 있고, 첼시 플라워 쇼를 비롯한 일부 플라워 쇼들은 신인 가든 디자이너의 등용문 역할을 하기도 한다.

1 · 전통의 가든 디자인 쇼, 영국 첼시 플라워 쇼

2013년은 첼시 플라워 쇼가 가든 디자인 쇼로 재탄생한 지 100주년이 되는 해였다. 첼시 플라워 쇼에는 매년 30여 개가 넘는 크고 작은 쇼 가든이 선보이는데, 각각의 정원은 디자이너, 스폰서(제작자), 시공자에 의해 콘셉트가 결정되고 만들어진다.

이 행사를 주관하는 RHS(Royal Horticultural Society, 왕립원예학회)에서는 응모된 작품을 대상으로 전문 심사 위원단을 구성해 평가한 뒤, 점수가 높은 순서로 최종 작품을 선정한다. 2013년은 100주년을 기념하는 해여서인지 특별한 주제를 선정하지는 않았지만, 영국적 정체성을 찾는 작품들이 많이 뽑혔고, 최근 부각되고 있는 환경을 고려한 생태적 디자인 작품들이 여전히 강세였다.

정원이름	M & G Centenary Garden
디자이너	Roger Platts
스폰서	M & G Investments

1913년에 시작된 첼시 플라워 쇼를 기념하는 의미로 당시에 출품됐던 품종을 정원에 그대로 재현했다. 영국 정원의 전통이 오늘날과 어떻게 연결될 수 있는지를 보여주는 데 주력한 작품이다.

정원이름	B & Q Sentebale 'Forget me Not' Garden
디자이너	Jinny Blom
스폰서	B & Q

고(故) 다이애나 황태자비의 둘째 아들인 해리 왕자가 주재하는 자선 모금 단체가 선보인 작품으로, 아프리카의 잊힌 나라 레소토(Lesotho)의 어린이들을 돕기 위해 출품된 작품이다. 정원은 어머니의 품을 상징하는 따뜻함과 레소토의 토속성을 살려 디자인되었다.

정원이름	The Homebase Garden, Modern Family Garden
디자이너	Adam Frost
스폰서	Homebase

친환경 먹을거리를 찾는 현대인들을 위해 만들어진 도시형 텃밭 정원이다. 뚜렷한 직선을 이용해 구획을 나누면서도 과실수와 채소를 풍성하게 재배할 수 있도록 구성했다. 디자이너의 감각이 돋보이는 벌통 디자인과 테이블 디자인이 특히 눈에 띈다.

정원이름	The Daily Telegraph Garden
디자이너	Christopher Bradley-Hole
스폰서	The Daily Telegraph

정원의 모든 식물은 영국 자생종으로만 구성되었다. 자생종의 식물을 좀 더 현대적으로 해석하기 위해 간결하면서도 단순한 사각의 틀을 이용했다.

정원이름	The Westland
디자이너	Kate Gould Gardens
스폰서	Kate Gould

정원은 버려진 환경조차 아름답게 변화시킨다는 주제로 꾸며진 정원이다. 산업폐기물을 포함해 거친 재료들로 이루어진 환경이지만 식물을 이용해 아름답게 변화시킬 수 있는 요소를 찾아냈다.

쇼몽(Chaumont)은 프랑스 파리로부터 남동쪽에 위치한 도시의 이름이다. 도시의 이름을 딴 가든 페스티벌은 매년 주제를 선정해 응모자들의 작품을 받는다. 그중 심사를 거쳐 최종 선발된 25개 정도의 작품이 제작비 지원을 통해 설치된다. 원예에 대한 거창한 개념 없이 펼쳐지는 순수한 가든 디자인 쇼로, 참가자는 가든 디자이너뿐만 아니라, 건축가, 화가, 패션 디자이너, 요리사 등 매우 다양하다. 첼시 플라워 쇼와 달리 작품이 당선되면 제작비를 지원해주기 때문에 학생을 포함한 젊은 예술가 그룹의 참여가 두드러진다.

정원이름	Sculptillonnage
디자이너	Corinne Julhiet, Claude Pasquer

정원이 도시 생태에 얼마나 중요한 역할을 하는지를 보여주는 작품으로, 식물을 깎고 다듬기보다는 자연스럽게 자라도록 배려해 정원이 도시 속의 쉼터가 될 수 있음을 보여주려고 노력했다. 자칫 지저분해질 수 있는 부분을 조각물을 이용해 예술적으로 잘 표현했다.

| 정원이름 | La Biliontheque du Souvenior |
| 디자이너 | Caetan Macqeut 외 2인 |

'추억의 도서관'이라는 주제로 만들어진 정원이다. 대나무 대 끝에 작은 구슬이 매달려 있고, 구슬 표면에는 그곳을 지나가는 우리의 모습이 투영된다. 그 투영된 모습 속에 우리의 추억들이 함께 담겨 있다는 의미를 보여준다.

| 정원이름 | Les bulbes fertiles |
| 디자이너 | Stephane Berthier |

마늘, 양파, 튤립, 백합 등 구근식물은 알뿌리에 영양분을 담고 있어 흙으로부터 영양을 많이 뺏지 않고 잘 자라는 식물이다. 이 정원은 구근식물의 알뿌리를 대나무 구조물로 형상화시켜 우리에게 많은 것을 제공해주는 구근의 풍요로움을 상징적으로 표현했다.

정원이름   Le Jardin des plantes disaparus
디자이너   Dennis Valette, Olivier Barthelemy

지구에서는 멸종되어 사라져가는 식물들이 매일 수백 종에 달한다. 사라져버린 식물 중에는 우리 인간에게 없어서는 안 될 것들도 많았다. 이대로 계속 식물들이 사라진다면 어쩌면 지구는 이 정원의 모습처럼 묘지로 변해버리지 않을까? 우리의 무관심 속에 사라지는 식물에 대한 경각심을 일깨우기 위해 주제를 부각시켜 만든 정원으로 큰 호평을 받은 작품이다.

정원이름   Le Jardin Piexelise
디자이너   Matteo Pernige, Claude Benna

우리의 정원은 점점 작아지고 있다. 그러나 면적은 작아져도 여전히 정원을 즐길 수 있는 길은 많다. 버려진 기름통에 식물을 심어 구성한 정원으로, 한 종의 식물을 한 통씩 심어 단순함 속에서 다양함을 느낄 수 있도록 연출했다.

네덜란드는 튤립을 비롯한 원예 산업을 국가적 사업 정책으로 시행하는 나라다. 원예국의 면모에 맞게 개최하는 플라워 쇼들도 튤립과 구근식물이 대표적이다. 쾨켄호프(Keukenhof) 가든 쇼는 그중에서도 가장 크고 세계적인 규모로, 행사 기간 동안 무려 700만 송이의 구근식물이 꽃을 피운다.

행사는 매년 가을, 튤립을 비롯한 구근식물을 심는 것으로 시작된다. 행사 주최자들은 식물 재배 농가들로, 각각의 농가를 대표하는 알뿌리를 주제와 일정 패턴에 맞게 심는다. 쇼는 매년 3월 중순에 시작해 5월 중순까지 두 달 동안 열리며, 이 두 달 동안 전 세계의 많은 사람들이 관상과 튤립 재배종을 사기 위해 이곳에 모여든다.

정원이름   Camping Garden

오토 캠핑은 이제 색다를 것 없는 휴가 문화로 자리 잡았다. 최근 가든 디자인 분야에서는 캠핑용 자동차를 이용해 이동형 정원을 꾸미고 즐기는 모습이 자주 등장하고 있다.

| 정원이름 | Recycled garden |

낡은 컨테이너를 썸머하우스로 개조한 정원이다. 버려진 낡은 것들을 모아 강렬한 색감의 페인팅을 더하고, 거기에 화려한 색감의 수선화와 튤립을 심었다. 이 정원은 빈티지한 느낌을 강조하면서도 환경을 고려한 디자인으로 많은 이들의 주목을 받았다.

| 정원이름 | Souvenir Garden |

정원은 잊힌 것들을 다시 되살아나게 하는 추억의 장소이기도 하다. 다른 나라를 여행하며 사 오는 물건들 역시도 여행지의 추억을 그대로 안고 있다. 우리의 기억을 모아두고 때때로 열어볼 수 있는 방이 있다면 어떨까? 추억을 모아놓은 방을 연상케 하는 정원으로 이곳에서는 지나간 기억들에 행복할 수 있을 것 같다.

정원이름	Cookery Garden

정원은 채소와 과실수를 기를 수 있는 장소다. 이 정원은 부엌을 정원 속으로 들여놓은 생활 정원을 주제로 만들어졌다. 정원 속의 식물들은 화려한 구근식물과 함께 잎채소와 곡물들이 주종을 이루고 있다. 잘 가꾼 채소들은 곧바로 정원 속의 부엌에 가져와 요리로 활용이 가능하다.

플라워 쇼와 가든 디자인

최근 우리나라에서도 축제의 형식으로 지방자치단체마다 '플라워 쇼' 혹은 '꽃 박람회'라는 이름의 행사가 많이 생겨나고 있다. 이런 축제들이 정원 문화 발전에서 긍정적 관심과 효과를 가져올 것이라는 기대를 하지만 현실은 아직도 많은 노력이 필요해 보인다.

앞서 소개한 '쇼몽 인터내셔널 가든 디자인 페스티벌'은 쇼몽이라는 아주 작은 마을을 세계적 관광지로 변화시키는 데 결정적 역할을 했다. 쇼몽 시는 가든 페스티벌을 위해 신예 디자이너들에게 시공비 지원의 특혜를 주며 자신의 디자인을 마음껏 펼칠 수 있는 기회를 주었다. 덕분에 디자이너들은 자신들의 독창성과 예술성을 발휘해 쇼몽 가든 쇼가 세계적 가든 페스티벌로 정착할 수 있도록 만들었다. 우리도 이제는 얼마나 많은 관람객을 끌어들였느냐를 따지며 양적인 발전과 성과를 우선시하기보다 진정한 정원 문화를 만들어낼 수 있는, 질적으로 발전된 플라워 쇼와 가든 페스티벌의 정착을 위해 더한층 노력해야 할 것이다.

부록

가든 디자이너 오경아의
가든 디자인 스케치

· 모던한 자갈 정원 (주택 내 중정), 2013년
· 일반 정원 구성이 불가능한 그린벨트 내 과수원 정원, 2013년
· 아웃도어 리빙 정원, 2012년
· 레스토랑 앞의 연못 디자인, 2014년
· 컨테이너 정원, 2011년
· 이집트 정원을 주체로 만들어진 테마 정원, 2011년
· 텃밭 정원, 2013년
· 정자, 산나물 정원, 2013년
· 난로를 중심으로 구성된 베란다 정원, 2014년
· 한글 정원, 2014년
· 철판으로 만들어진 컨테이너 정원 (용기 디자인 포함), 2014년
· 비워둠이 강하게 표현된 한국형 정원을 모던하게 해석한 정원, 2014년
· 공원 구성, 2013년
· 과일 가게를 디자인적으로 풀어본 작품, 2013년
· 대문 디자인, 2014년
· 한국식 정자의 변형, 창고와 벤치 디자인, 2013년
· 텃밭 정원 내 닭이 살 수 있는 집 연출, 2013년

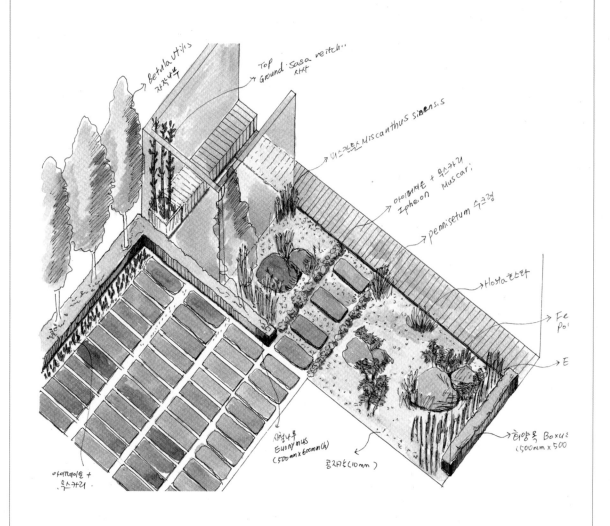

정원 유형 : 일반 주택 정원

정원 타입 : 모던한 자갈 정원 (주택 내 중정), 2013년

정원 특징 : 햇볕이 잘 들지 않는 중정을 감안하여 가뭄에 강하면서도 그
늘에서도 자생이 가능한 식물 수종으로 구성. 잔자갈의 바탕
위에 자연스러운 형태의 돌을 이용해 자연스러움과 비어둠
을 강조했다.

가든 디자인 : 오경아

정원 유형 : 과수원 정원

정원 타입 : 일반 정원 구성이 불가능한 그린벨트 내 과수원 정원, 2013년

정원 특징 : 사과나무, 복숭아나무 등으로 전반적인 구성을 잡고, 채소류를 재배할 수 있는 정리된 형태의 텃밭 정원으로 구성. 양 옆으로 곡물의 저장고를 만들고 가운데로 통로를 둔 일자형 창고의 디자인이 특징적.

가든 디자인 : 오경아

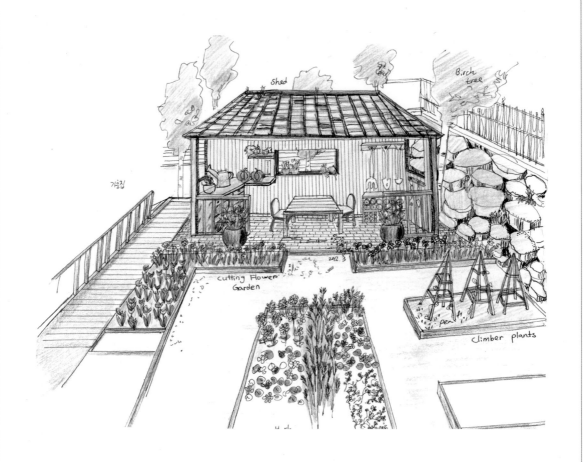

정원 유형 : 일반 주택 정원
정원 타입 : 아웃도어 리빙 정원, 2012년
정원 특징 : 거실을 정원으로 옮겨놓은 듯 연출된 정자를 중심으로 화려
한 꽃을 피우는 초본식물 화단이 색감으로 화려한 정원을 구
성함.
가든 디자인 : 오경아

정원 유형 : 상업공간 정원
정원 타입 : 레스토랑 앞의 연못 디자인, 2014년
정원 특징 : 데크와 어울릴 수 있는 모던한 연못의 구성. 연못에서 살 수
있는 수생식물의 구성으로 물의 오염을 줄일 수 있도록 디자
인. 조명을 이용해 야간에도 연못이 부각될 수 있도록 구성
했다.
가든 디자인 : 오경아

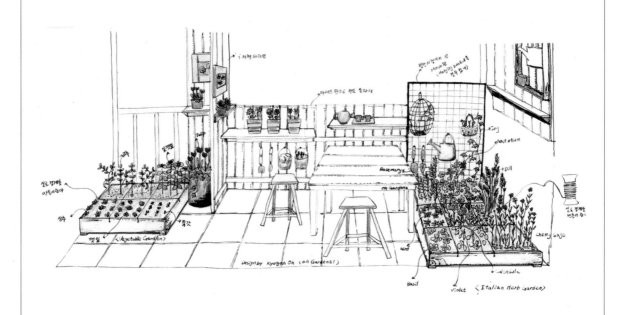

정원 유형 : 아파트 베란다 정원
정원 타입 : 컨테이너 정원, 2011년
정원 특징 : 아파트의 베란다 공간에 원예 작업을 즐길 수 있는 생활형으
　　　　　로 디자인된 정원.
가든 디자인 : 오경아

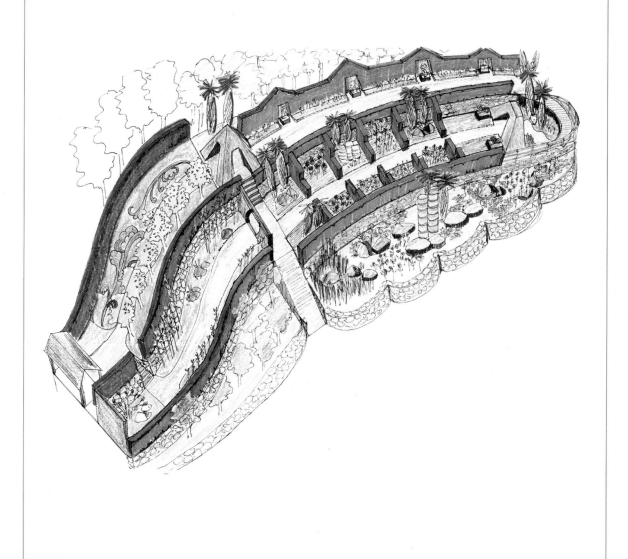

정원 유형 : 수목원 정원
정원 타입 : 이집트 정원을 주체로 만들어진 테마 정원, 2011년
정원 특징 : 정원의 고대 발생지 중 하나인 이집트의 정원을 현대적으로
　　　　　　해석한 정원. 이집트를 연상시키면서도 모던한 디자인 처리
　　　　　　로 단순하면서 강렬함을 강조했다.
가든 디자인 : 오경아

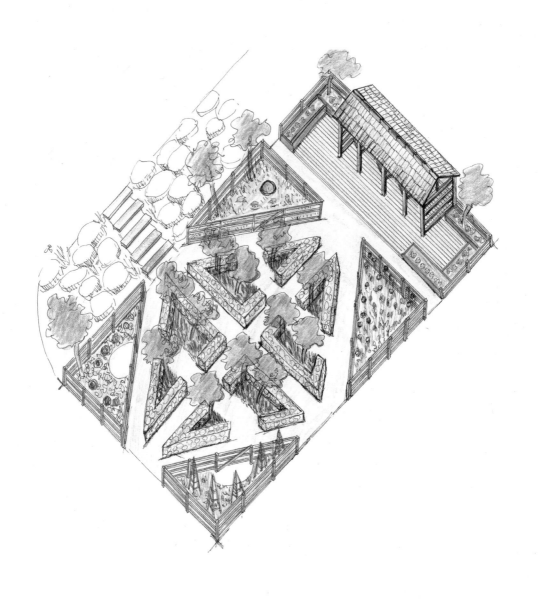

정원 유형 : 일반 주택 정원
정원 타입 : 텃밭 정원, 2013년
정원 특징 : 과실수, 채소와 함께 닭을 키울 수 있는 공간까지 함께 구성
　　　　　　된 모던한 디자인의 텃밭 정원.
가든 디자인 : 오경아

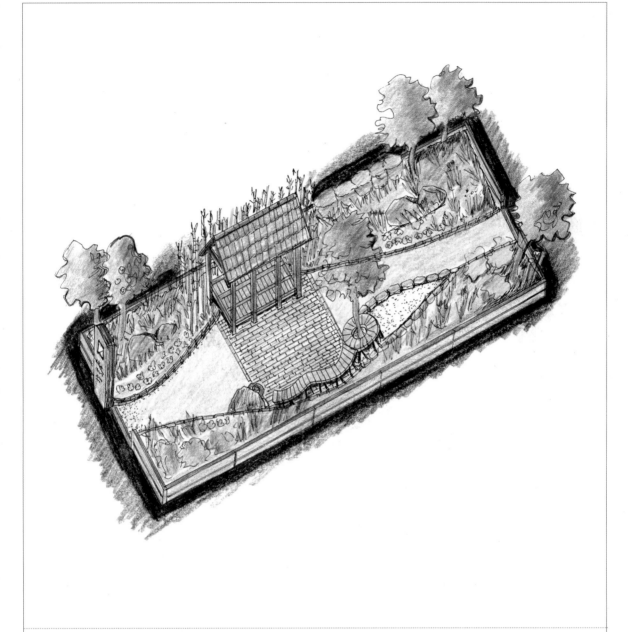

정원 유형 : 마을 정원
정원 타입 : 정자, 산나물 정원, 2013년
정원 특징 : 마을의 공동 쉼터를 정원으로 재구성한 작품. 쉼터가 되는
　　　　　　　정자, 벤치와 함께 산나물을 재배하는 산나물 화단, 대나무
　　　　　　　정원으로 구성되었다.
가든 디자인 : 오경아

정원 유형 : 빌라 정원
정원 타입 : 난로를 중심으로 구성된 베란다 정원, 2014년
정원 특징 : 노출형 베란다에 미니 난로를 설치하고 책을 읽을 수 있는
　　　　　　 장소와 꽃밭을 구성했다.
가든 디자인 : 오경아

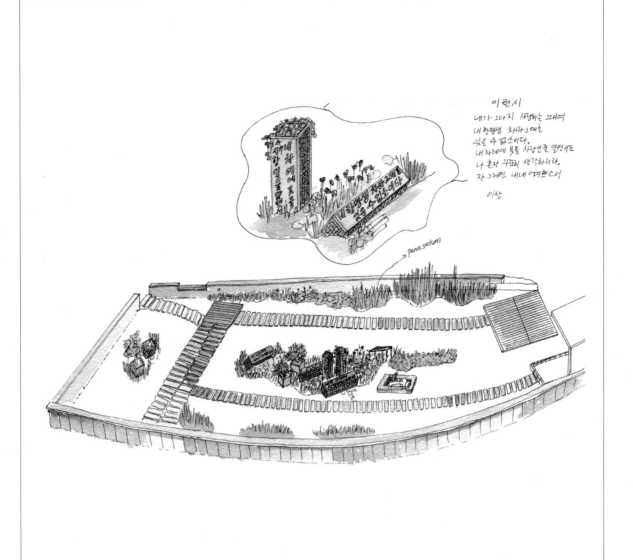

이 런 시

내가 그다지 사랑하던 그대여
내 한평생 차마 그대를
잊을 수 없소이다.
내 차례에 못 올 사랑인 줄 알면서도
나 혼자 꾸준히 생각하리라.
자 그러면 내내 어여쁘소서

이상

→ penni setum

정원 유형 : 전시 정원
정원 타입 : 한글 정원, 2014년
정원 특징 : 전시를 위한 정원 구성으로 철판에 시를 새겨 시와 함께 어
우러진 식물을 감상할 수 있도록 구성.
가든 디자인 : 오경아

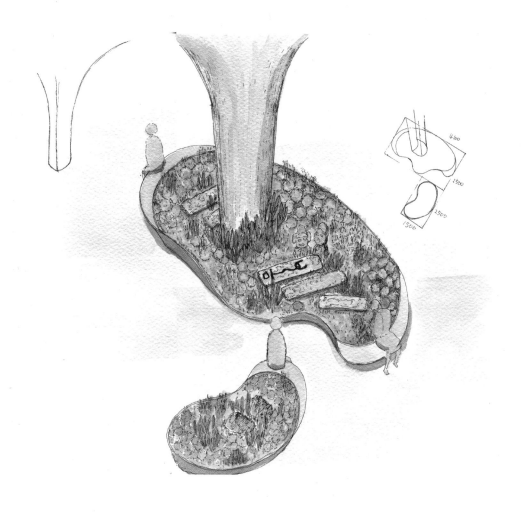

정원 유형 : 실내 정원
정원 타입 : 철판으로 만들어진 컨테이너 정원 (용기 디자인 포함), 2014년
정원 특징 : 스테인리스 철판으로 화분을 만들고 여기에 실내에서 생존이
　　　　　　 가능한 식물을 심어 구성한 정원.
가든 디자인 : 오경아

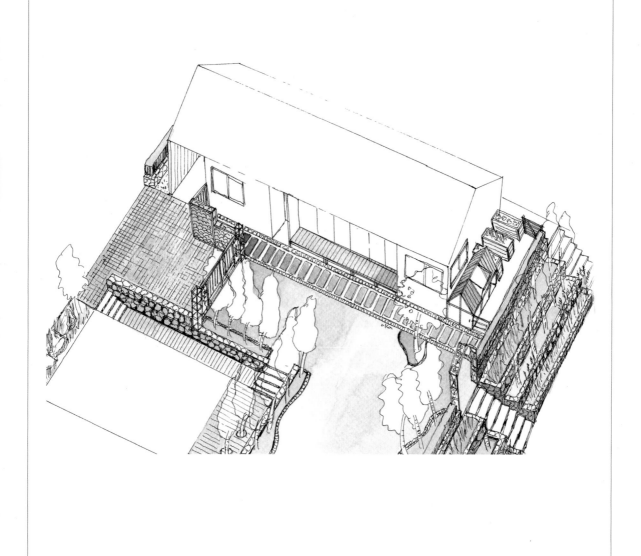

정원 유형 : 전원 주택 정원
정원 타입 : 비워둠이 강하게 표현된 한국형 정원을 모던하게 해석한 정원, 2014년
정원 특징 : 수확, 관혼상제의 일을 치렀던 마당의 공간을 잔디로 변화시켜 새롭
　　　　　게 해석한 전원주택의 앞마당 디자인. 주차장을 대문 밖으로 뽑아내
　　　　　정원의 공간과 분리를 했고, 한국형 정원의 가장 큰 특징 중 하나인
　　　　　계단형 꽃 화단을 모던한 느낌으로 재구성했다.
가든 디자인 : 오경아

정원 유형 : 공원 디자인
정원 타입 : 자전거길, 도보길과 함께 휴식터, 나무가 우거진 곳, 꽃이 피
　　　　　　는 곳 등으로 구성된 정원 타입의 공원 구성, 2013년
정원 특징 : 특별한 운동 기구를 사용하지 않고, 잔디와 모래를 이용해
　　　　　　자유롭게 놀이장소로 활용할 수 있도록 만든 공간.
가든 디자인 : 오경아

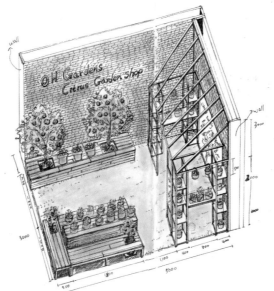

Citrus
- rue Family
- Rutaceae
o range, lemons
grapefruit limes
- Citron (c.medica)
"Cedar" ancient Greek
due to similar c
in smell of citrus
leaves and fruit with
that of cedar

Four ancestral species
i) Fortunella
ii) Poncirus
iii) Microcitrus/Eremocitrus
iv) citrus

hesperidium iv) Triphasia (v) Clymenia) x citrus
(berry with a tough, leathery rind)

Shrub & small trees
- 5-15m tall / spiny shoots
- evergreen leaves
- Flower: 2-4cm D
5 white petals
numerous stamens
strongly scented
- hesperidium fruit
4-30cm long
4-20cm diametre
"peel" - pericarp.

Orangeries
17th~19th Architectural Form
Similar to a greenhouse or conservatory
- brick front wall
- Palace of the Louvre 1617
(3000 orange trees at Versailles)
- Joseph Paxton Crystal Palace / Chatsworth house.

C. aurantifolia - key lime
C. maxima - Pomelo
C. medica - Citron
C. reticulata - Mandarin orange
C. trifoliata - Trifoliate orange
C. australasica - Finger lime
C. glauca - Desert lime (kumquads)

straw bag

citrus collecting bag
citrus havesting bag

planter bag
coated

감귤을 따는 바구니에서 모티브를 가져와 천막천으로
감귤 바구니를 만들고, 쓰고 난 후에는 거는 화분으로
활용할 수 있도록 구성했다.

정원 유형 : 과일 가게 (감귤 가게 디자인)
정원 타입 : 과일 가게를 디자인적으로 풀어본 작품, 2013년
정원 특징 : 농사와 디자인을 접목시켜 새로운 개념의 과일 가게를 제안
한 작품. 제주 감귤을 파는 가게를 디자인했다.
가든 디자인 : 오경아

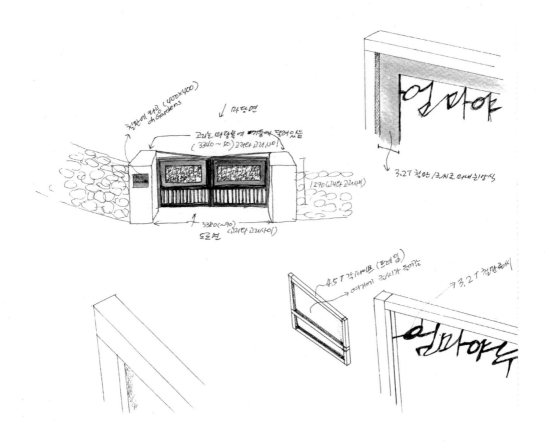

정원 유형 : 전원 주택
정원 타입 : 대문 디자인, 2014년
정원 특징 : 평철 쇠에 분채 도장으로 디자인 된 대문. 대문 속에 김소월
　　　　　　의 시 〈엄마야, 누나야〉를 넣어 시가 함께하는 대문으로 구
　　　　　　성했다.
가든 디자인 : 오경아

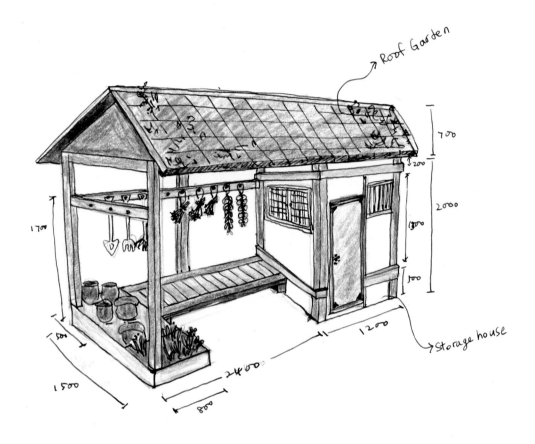

Roof Garden

Storage house

korean style shed

정원 유형 : 한국형 정원 내 창고 디자인

정원 타입 : 한국식 정자의 형태를 변형시켜 창고와 벤치의 역할을 겸하도록 디자인, 2013년

정원 특징 : 세 칸으로 구성된 한국식 정자의 형태를 변형시키고, 지붕에는 풀이 자랄 수 있도록 잔디를 올리며, 한 칸은 창고의 공간으로, 두 칸은 연장을 보관하고 쉴 수 있는 쉼터로 재구성했다.

가든 디자인 : 오경아

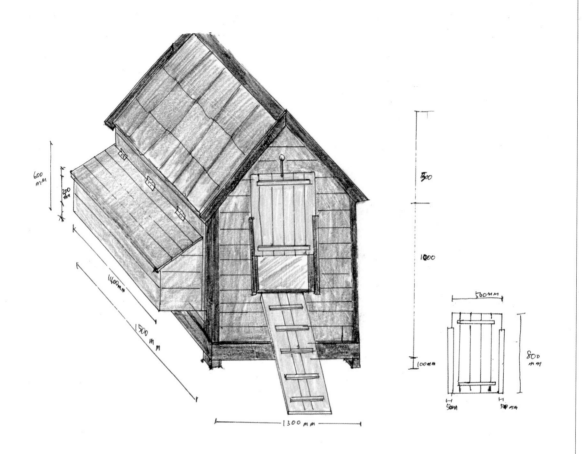

정원 유형 : 텃밭 정원 내 닭집 디자인

정원 타입 : 텃밭 정원 내 닭이 살 수 있는 집 연출, 2013년

정원 특징 : 텃밭 정원은 벌레를 퇴치하는 용도로 닭을 함께 키우기도 한
다. 텃밭 정원에 어울릴 수 있는 닭집을 기능적이면서도 모
던하게 재구성한 디자인.

가든 디자인 : 오경아

나오며

이 책에 담긴 열 곳의 유럽 정원은 내가 직접 현지답사를 하며 하나하나 엄선한 곳들이다. 정원들은 서로 매우 다른 특성을 지니고 있고, 디자인을 한 가든 디자이너들 역시도 오너에서 전문 디자이너까지 다양하다. 정원의 선정에는 영국에서 7년 간 가든 디자인을 배우면서 교류했던 가든 디자이너들과 전문 교수들의 추천 의견도 바탕이 되었고, 특히 우리나라 사람들의 선호도를 참고했다. 가든 디자이너로서, 정원의 어떤 요소가 많은 사람들에게 "이 정원이 최고"라는 찬사를 하게 하는지, 그와 관련한 가든 디자인적 요소를 찾기 위해 정말이지 쉴 없이 정원을 오갔던 것 같다.

네이버캐스트에 연재했던 글을 모아 새롭게 다듬고 보완하여 한 권의 책으로 엮는 데 무려 1년 남짓한 시간이 걸렸다. 게을렀던 내 탓도 있지만 그전에 이 책을 읽을 독자들에게 뭔가 더 도움이 될 만한 것이 없을까 하는 고민의 시간이 길었다고 변명하고 싶다. 그나마 나는 운이 좋아 영국 유학을 다녀올 수 있었고, 그곳에서 가든 디자인이라는 공부를 7년이나 할 수 있었다. 하지만 내가 했던 일을 누군가에게 "한번 해보세요"라고 쉽게 권할 수가 없다. 강의가 있을 때마다 많은 분들이 내게 다가와 유학에 대한 것들을 물어본다. 그때마다 내가 쉽게 유학을 권하지 못하는 이유를 나도 알고 질문을 하는 그분들도 잘 안다. 모든 것이 다 좋을 수도 없겠거니와 좋다고 해도 많은 것을 바꾸고 포기해야 하는 삶이 순탄하지 않기 때문이다.

그분들이 아쉬움에 뒤돌아서며 남기는 말이 있다. "한국에서도 이런 걸 배울 수 있었으면 좋겠어요." 나 역시도 이런 갈증을 누구보다 잘 알고 있기에 물론 연재를 했던 당시도 그러했지만, 한 권의 책으로 묶으려 할 때는 좀 더 많은 정보와 이야기, 이 책을 보면서 가든 디자인에 대해 알고 싶은 갈증을 시원하게 풀 수 있었으면 좋겠다는 마음이 앞섰다. 그 고민의 시간이 이 책 속에 잘 담겨 있기를 바란다. 그리고 이 책을 만들기 위해 나와 함께 많은 시간을 고민하고 의논 나눠준 궁리출판에 감사한다.

찾아보기

....

✽ 정원별 가든 디자인 팁

✽ 가든 디자이너

가든 디자이너 오경아가 안내하는 정원의 모든 것!

품고 있으면 정원이 '되는' 책!
〈오경아의 정원학교 시리즈〉

✳ **가든 디자인의 A to Z**

정원을 어떻게 디자인할 수 있는가? 정원에 관심이 있는 일반인은 물론 전문적으로 가든 디자인에 입문하려는 이들에게 꼭 필요한, 가든 디자인 노하우를 알기 쉽게 배울 수 있다.

정원의 발견 식물 원예의 기초부터 정원 만들기까지
올컬러(양장) | 185·245mm | 324쪽 | 23,000원

가든 디자인의 발견 거트루드 지킬부터 모네까지
유럽 최고의 정원을 만든 가든 디자이너들의 세계
올컬러(양장) | 185·245mm | 356쪽 | 27,500원

식물 디자인의 발견
계절별 정원식물 스타일링 | 초본식물편 |
올컬러(양장) | 135·200mm | 344쪽 | 20,000원

✳ **정원의 속삭임**

작가 오경아가 들려주는 생각보다 가까이 있는 정원 이야기로 읽는 것만으로도 힐링이 되는 초록 이야기를 들려준다.

정원의 기억 가든디자이너 오경아가 들려주는 정원인문기행
올컬러(무선) | 145·210mm | 332쪽 | 20,000원

시골의 발견 가든 디자이너 오경아가 안내하는
도시보다 세련되고 질 높은 시골생활 배우기
올컬러(무선) | 165·230mm | 332쪽 | 18,000원

정원생활자 크리에이티브한 일상을 위한 178가지 정원 이야기
올컬러(무선) | 135·198mm | 388쪽 | 18,000원

정원생활자의 열두 달 그림으로 배우는 실내외 가드닝 수업
올컬러(양장) | 220·180mm | 264쪽 | 20,000원

소박한 정원 꿈꾸는 정원사의 사계
145·215mm | 280쪽 | 15,000원

강원도 속초시 중도문길 24
오경아의 정원학교에서 만나요!

설악산이 보이는 아름다운 중도문 마을에 자리하고 있는 오경아의 정원학교에서는 정기적으로 이론과 실습이 함께 구성된 정원 디자인 & 가드닝 강좌가 열립니다. 원예와 정원의 초보자는 물론 관련 전공자도 자신에게 필요한 분야를 찾아들을 수 있도록 주제별로 수업을 나누었고, 강의 난이도 역시 초급, 중급, 고급 수준으로 선택 가능합니다. 설악산과 동해바다의 자연이 함께하는 정원학교 수업들은 단순한 전문 지식의 습득 차원을 넘어선 힐링 프로그램으로 정원의 진정한 의미와 삶의 여유를 만끽하게 할 것입니다.

· 홈페이지 : http://blog.naver.com/oka0513
· 강좌문의 : ohgardendesign@gmail.com